KB273330

버 섯

전 서울산업대학교 교수 · 약학박사 **박 완 희**

교학사

책을 펴내며

오늘날 공해와 식품 오염이 건강을 해치는 원인으로 인식되면서, 사람들은 무공해 식품, 특히 자연산 식품을 선호하게 되었고, 그 영향으로 야생 버섯에 대한 관심도 높아지게 되었다. 특유의 향과 맛 때문에 예로부터 사람들이 즐겨 먹는 식용 버섯은 지방질이 적고 식이 섬유와 단백질이 풍부한 저칼로리 식품이다. 식용 또는 약용 버섯의 생리 특성으로 항종양 활성, 면역 증강, 혈당 강하 작장, 혈압 강하 작용, 콜레스테롤 저하 작용, 항혈전 작용 등이 인정되고 있으며, 앞으로 버섯은 체질 개선, 생체 방어, 성인병의 예방과 개선 등에 기능성 식품 또는 생약 요법제로 더욱 활발하게 이용될 것이다.

야생 버섯에는 식용 버섯과 유사한 독버섯이 있어, 가끔 잘못 먹음으로써 중독 사고가 발생하고 있다. 독버섯에 의한 중독 사고를 예방하기 위해서는 버섯의 식·독에 관한 속설을 믿지 말고, 독버섯에 대한 올바른 지식을 가지는 것이 중요하다.

생약학·생화학적인 관점에서 보면 버섯은 생리 활성 물질의 보고로서 대단히 흥미 있는 중요한 연구 대상이며 자료이다. 삼림과 녹지의 훼손으로 다수의 버섯이 멸종 위기에 있는 현실에서, 귀중한 천연 자원인 버섯을 보존하는 입장에서도 자연 환경 보호가 필요하다.

이 책은 버섯에 흥미를 가지는 초심자와 버섯 애호가를 위한 간단한 안내서이다. 숲 속에서 갓 나온 청초한 어린 버섯을 발견했을 때, 그것의 식·독 여부를 따지기 이전에 자연에 대한 순수한 호기심과 탐구심으로 바라보기 바란다. 그 작은 생물체에도 아름다움, 기이함, 신비로움이 있다는 것을 느끼게 될 때 이미 자연 애호가의 대열에 서 있다고 할 수 있다. 이 작은 책이 버섯을 대하는 현장에서 독자들에게 실질적으로 참고가 되기를 바란다.

2003년 11월 저자

차 례

자낭균류

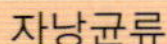

부 록

일러두기

1. 이 책에는 한국산 자생 버섯 중에서 자낭균류 23종, 복균류 18종, 목이류 12종, 민주름버섯류 38종, 주름버섯류 143종 등 총 234종이 사진과 함께 수록되어 있다. 각 버섯류는 색깔 표시로 구별하였다.
2. 버섯명은 한국균학회의 '한국명 통일안'에 따랐고, 학명은 국제적으로 많이 통용되고 있는 최근의 것을 채용하였다.
3. 해설은 버섯의 발생 시기, 생태, 생활형, 분포, 형태, 포자문, 식·독의 순으로 가능한 한 간략하게 기술하였고, 그 중 포자문은 버섯에 따라 생략된 것도 있다.
4. 생활형은 버섯의 영양 생활형의 준말이며, '균근균'은 공생성(주로 외생균근성) 생활형을, '부생균'은 부생성 생활형을, '목재부후균'은 부생균 중에서 목재부후성 생활형을 의미한다. 생활형이 아직 정확히 규명되지 않은 미확인종은 추정으로 기록하였다.
5. 버섯 용어는 아직 통일되지 않았으그로 저자에 따라 다를 수 있다.
6. 초보자는 '버섯 그림 설명' 및 '용어 해설'과 부록의 '버섯에 대하여'를 미리 읽어 보는 것이 본문을 이해하는 데 도움이 될 것이다.
7. 식용 버섯, 약용 버섯, 식용 불명 버섯, 독버섯의 구별은 버섯 학명 옆에 다음과 같이 색으로 구분하였다.
    - : 식용 버섯
    - : 약용 버섯
    - : 식용 불명 버섯
    - : 독버섯

버섯 그림 설명

■ 자낭균류

1. 자낭
2. 자낭과
자낭
공구
자낭포자
자낭반
자낭각
폐자낭각

3. 자낭반의 종류
접시형
긴대주발형
안장형
모자형
두건형
곰보버섯형
창형

4. 자좌
공구
자낭각
곤봉형 자좌
반구형 자좌

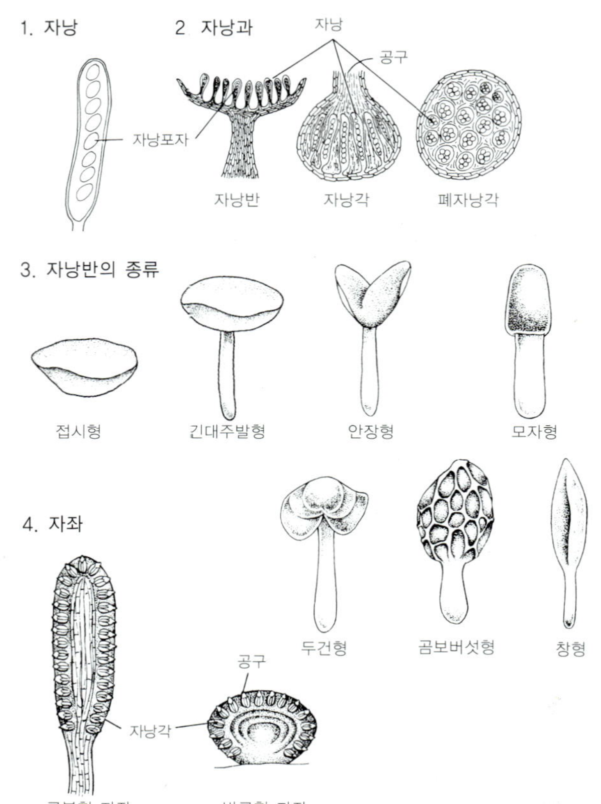

■ 담자균류

□ 주름버섯류

1. 자실체

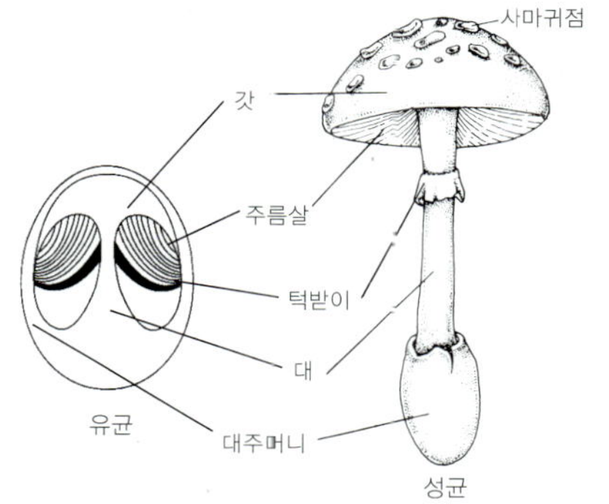

2. 담자기

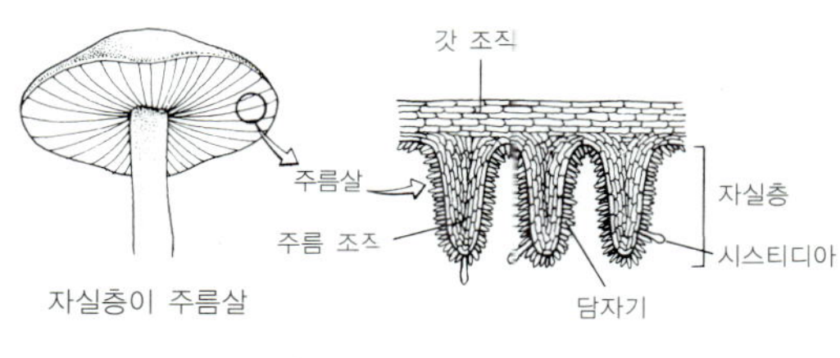

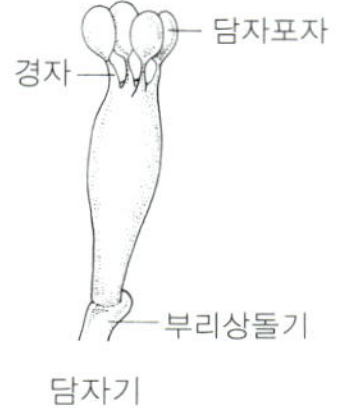

3. 자실체의 발생 상태

4. 갓 모양

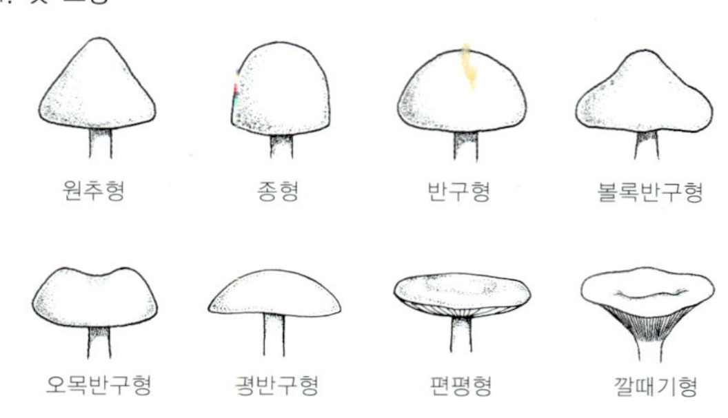

5. 주름살 모양

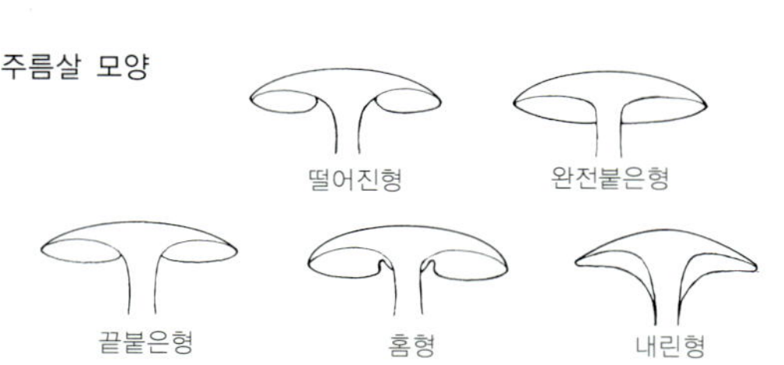

6. 대주머니 모양

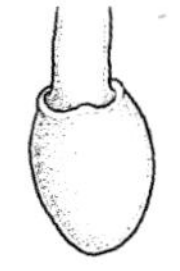
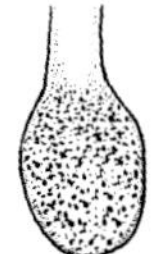
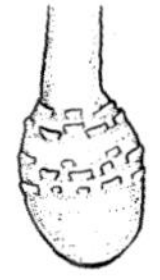

얕은 주머니상　　　분말상　　　환상　　　주머니상

□ 민주름버섯류

1. 대 없이 나무에 생기는 버섯

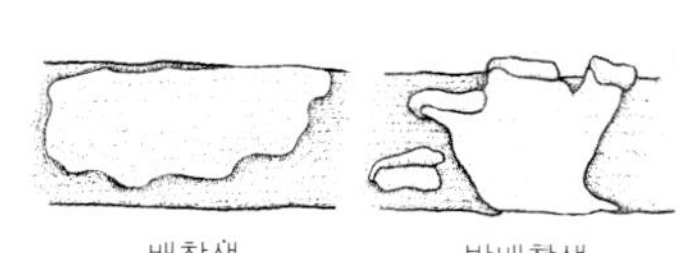
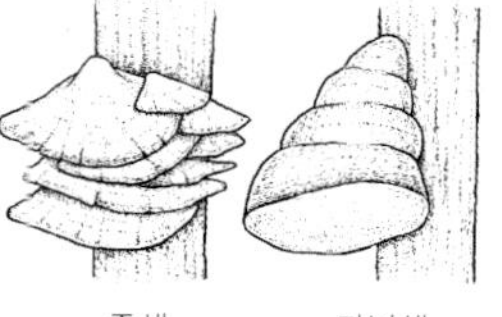

배착생　　　반배착생　　　중생　　　다년생

2. 형태

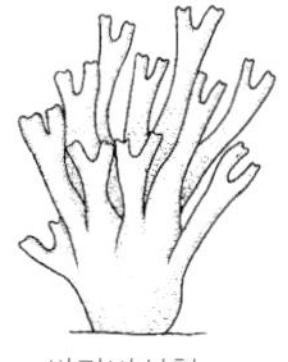
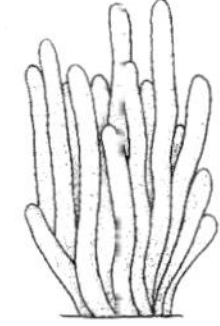
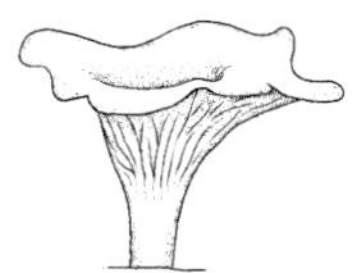

싸리버섯형　　　창싸리버섯형　　　나팔버섯형

□ 목이류

담자기

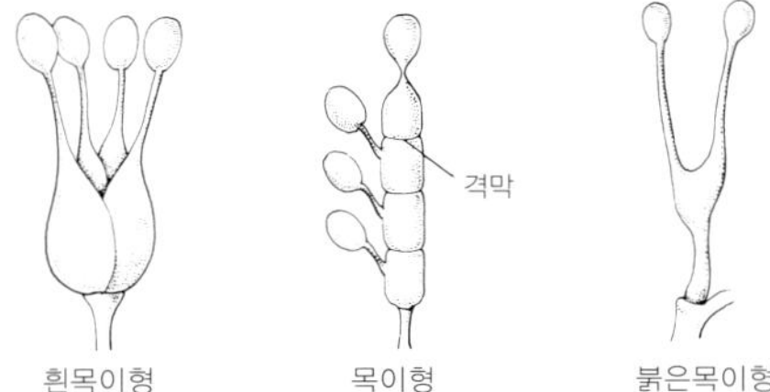

□ 복균류

여러 가지 형태

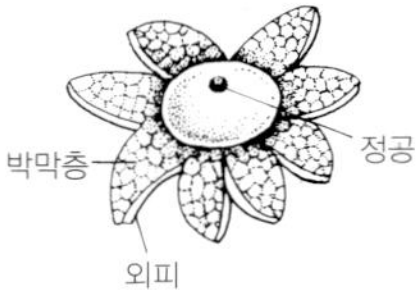

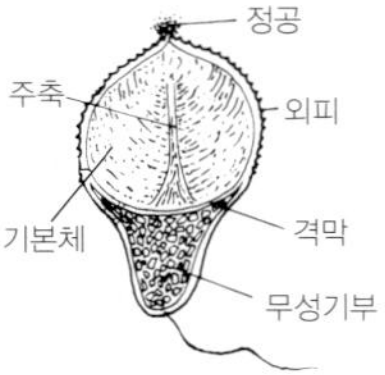

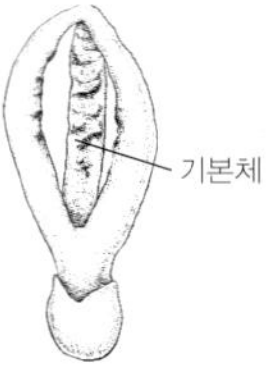

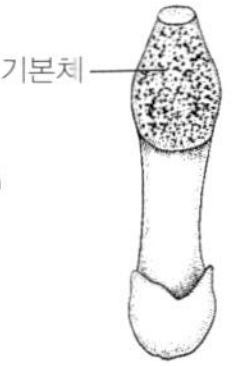

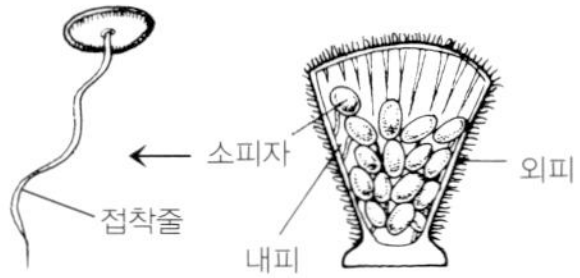

용어 해설

- **관공** 자실층이 관상(管狀)으로 되어 갓 아랫면에 공구가 뚫려 있는 것. 그물버섯류, 구멍장이버섯류에서 볼 수 있다.
- **균근** 균류의 영양균사와 나무의 뿌리가 결합하여 공생 관계에 있는 것.
- **균륜** 버섯이 원형으로 발생한 것. 균사가 방사상으로 성장할 때, 해마다 오래 된 균사는 사멸하고 선단 균사만 생장하므로 버섯이 원을 이루며 발생한다.
- **균망** 망태버섯류의 갓과 대 사이에서 생기는 레이스상의 막.
- **균사** 가는 원주형의 세포가 실 모양으로 연결된 것. 균사가 모여서 서로 엉켜 집단을 이룬 것을 균사체라고 한다.
- **균사속** 다수의 균사가 꼬여 끈 모양으로 된 것을 균사속, 뿌리 모양으로 된 것을 근상균사속이라 한다.
- **균핵** 균사 조직이 밀집하여 덩이를 이루어 일시 휴면 상태인 것으로, 내구성을 가진 구조처이다.
- **기본체** 글레바(gleba)라고도 하며, 복균류 등에서 각피 내부의 포자와 포자 형성 조직 전처를 말한다.
- **기생균** 살아 있는 식물이나 곤충 등에 기생하여 일방적으로 영양 섭취를 하며, 기주에게 해를 입히는 균류.
- **내피막** 주름버섯류의 미숙한 자실체의 주름살 또는 관공을 보호하는 막으로, 생장시 파열되어 대 우에 남은 것이 턱받이이다.
- **늑맥** 곰보버섯류의 함몰부를 둘러싸는 융기선.
- **담자기** 담자균의 유성 생식의 결과 담자포자를 만드는 자실층의 세포. 일반적으로 1개의 담자기에 4개의 돌기가 있어 그 선단에 담자포자를 외생한다.
- **무성기부** 말불버섯과 같이 자실체 거부에 있는 무성균사.

- **배착생** 고약버섯류처럼 대가 없이 전 표면이 자실층인 버섯이 그 배면으로 기주에 부착하여 발생한 것.
- **부생** 죽은 동식물을 영양으로 하여 생활하는 것.
- **분생자** 무성포자의 일종. 균사의 선단 세포가 격막에서 절단되거나 출아에 의해 형성도며, 분생자병의 말단에 외생한다.
- **분생자병** 분생자 형성 세포를 산생하기 위해 특별히 분화된 균사.
- **소피자** 찻잔버섯류의 컵형 자실체 내부에 형성되는 바둑돌 모양의 입자.
- **속생** 몇 개의 버섯이 뭉쳐서 발생한 것. 많은 버섯이 속생한 것을 총생이라고 한다.
- **외피막** 유균 전체를 덮고 있는 막으로, 성장시 파열되어 대의 기부에 남은 것이 대주머니이다.
- **자낭** 자낭균류에서 유성포자를 만드는 자루 모양의 선단 세포.
- **자낭각** 플라스크형으로 내부에 자낭을 형성하는 자낭과.
- **자낭반** 접시형 또는 컵형으로 내측에 자낭이 노출된 자실층을 형성하는 자낭과.
- **자실체** 균류에서 포자를 형성하기 위해 만들어진 기관. 일반적으로 버섯이라고 한다.
- **자실층** 담자기 또는 자낭이 병립(竝立)된 부분.
- **자좌** 균사가 밀집하여 형성된 반구형 또는 곤봉형의 구조물로 그 속에 자낭각을 형성한다.
- **탁지** 세발버섯처럼 대(탁)에서 분지된 위유 조직. 그 일부에 점액화한 기본체를 부착한다. 팔이라고도 한다.
- **포자** 생식 세포의 일종으로 유성포자인 담자포자와 자낭포자, 무성포자인 분생자가 있다.
- **후막포자** 후막으로 둘러싸인 내구성의 무성포자. 덧부치버섯 등에서 볼 수 있다.

자낭균류

자낭균류의 버섯은 접시형, 곤봉형, 안장형, 곰보버섯형 등 그 형태가 매우 다양하다. 대부분 부생균이며, 동충하초와 같은 기생균과 서양송로와 같은 균근균도 있다. 자낭균류의 자실체에는 자낭포자를 생성하는 자낭과와 무성포자인 분생자를 생성하는 분생자체 두 종류가 있다. 자낭과에는 자낭반과 자낭각이 있다. 자낭반은 접시형~컵형으로 그 내측면에 자실층을 노출하고, 자낭각은 매우 작으며, 대형의 자좌에 많은 자낭각이 형성되어 있다.

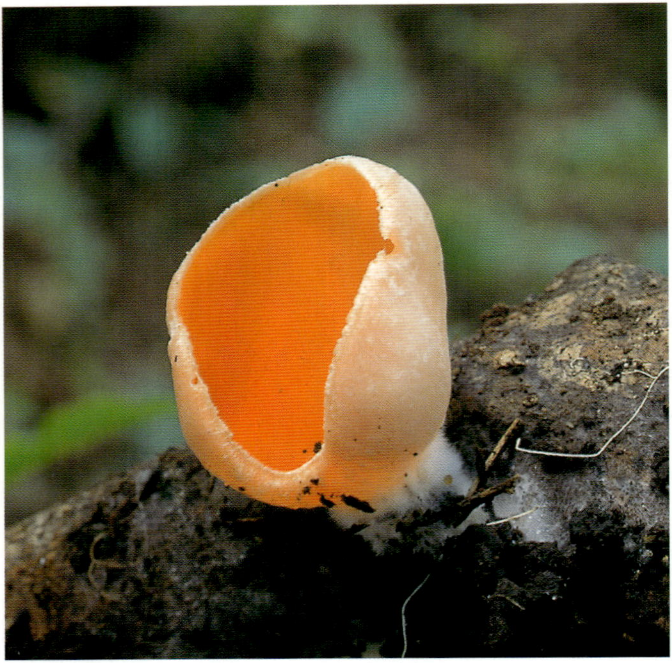

자낭반의 내부는 선홍색, 외부는 백색으로 매우 아름답다

술잔버섯

Sarcoscypha coccinea

- 발생 시기 : 여름~가을
- 생태 : 활엽수림 내 마른 가지나 썩은 나무에 군생
- 생활형 : 목재부후균
- 분포 : 전세계
- 형태 : 자실체는 지름 1~5cm의 컵형의 자낭반과 대로 되어 있으며, 질긴 육질이다. 자낭반 내면의 자실층은 선홍색, 자낭반 외면은 백색~담홍색이며, 면모상이다. 대는 백색이며, 짧고 중심생이다.
- 식·독 : 불명

자실체는 양주잔 모양. 잔 둘레에 긴 가시가 보인다

털작은입술잔버섯 작은입술잔버섯속

Microstoma floccosa var. *floccosa*

- 발생 시기 : 봄~초여름
- 생태 : 활엽수림의 마른 가지에 속생
- 생활형 : 목재부후균
- 분포 : 동아시아, 북아메리카
- 형태 : 자실체는 지름 0.3~1cm의 컵형 자낭반과 긴 대로 되어 있다. 자낭반 내면의 자실층은 농홍색, 자낭반 외면은 홍색이며, 백색 긴 털로 덮여 있다. 대는 백색이며, 길이 0.5~2cm, 백색의 털이 나 있다.
- 식·독 : 불명

대는 백색

길가 언덕 맨땅에 자주 발생

들주발버섯 들주발버섯속

Aleuria aurantia

- **발생 시기** : 여름~가을
- **생태** : 산림 내 길가 맨땅에 군생
- **생활형** : 부생균
- **분포** : 전세계
- **형태** : 자실체는 자낭반으로 되어 있고 대는 없다. 자낭반은 주발형에서 접시형으로 변하며, 지름 2~6cm. 자낭반 내면의 자실층은 적색~적등색, 자낭반 외면은 담적등색이며, 백색 분말상의 털로 덮여 있다.
- **식·독** : 불명

외면은 담적등색

성숙한 것은 주발 모양

대들주발버섯

들주발버섯속

Aleuria rhenana

- 발생 시기 : 여름~가을
- 생태 : 산림 내 땅 위에 속생
- 생활형 : 부생균
- 분포 : 동아시아, 유럽, 북아메리카
- 형태 : 자실체는 자낭반과 대로 되어 있고, 대는 항상 땅 속에 묻혀 있다. 자낭반은 주발형~접시형이고, 밀랍질이며, 지름 2~3cm. 자낭반 내면의 자실층은 등황색~선황색이며, 자낭반 외면은 내면보다 옅은 색. 대는 백색, 길이 2~3cm.
- 식·독 : 불명

어릴 때에는 종지 모양

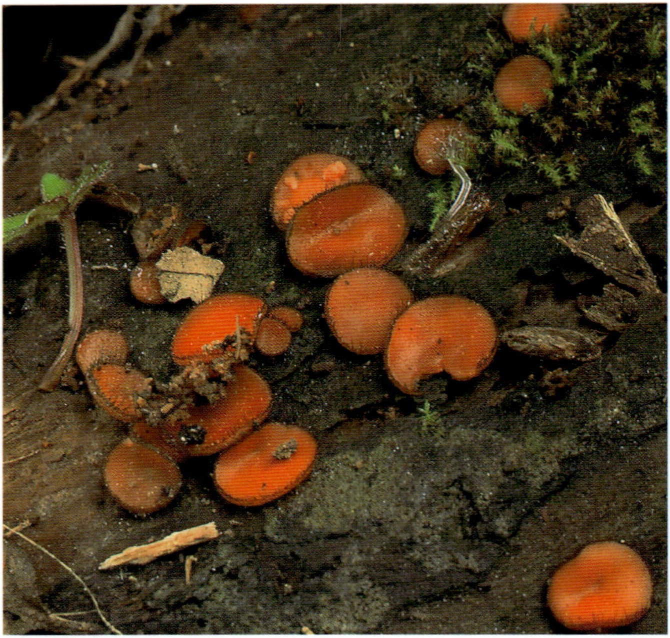

자낭반 둘레에 갈흑색 긴 털이 있다

접시버섯

접시버섯속

Scutellinia scutellata

- **발생 시기**: 여름~가을
- **생태**: 혼합림 내 젖은 쓰러진 나무에 군생
- **생활형**: 목재부후균
- **분포**: 전세계
- **형태**: 자실체는 자낭반으로 되어 있고 대는 없다. 자낭반은 접시형이며, 지름 0.3~1cm. 자낭반 내면의 자실층은 홍적색이며, 둘레에 갈흑색의 긴 강모(剛毛)가 있다. 자낭반 외면은 담홍적색이며, 짧은 강모가 있다.
- **식·독**: 불명

접시꽃 모양의 버섯이 숲 속 땅 위에 군생

꽃접시버섯

Melastiza chateri

- 발생 시기 : 봄~여름
- 생태 : 숲 속 습한 땅에 군생
- 생활형 : 부생균
- 분포 : 동아시아
- 형태 : 자실체는 자낭반으로 되어 있고 대는 없다. 자낭반은 접시형

이며, 지름 0.5~2cm. 자낭반 내면의 자실층은 홍적색이며, 둘레에 짧은 강모(剛毛)가 있다. 자낭반 외면은 담홍색이며, 짧은 강모가 있다.
- 식·독 : 불명

요철이 심한 둥근 스펀지 모양. 측백나무 아래 풀 속에 발생

곰보버섯

Morchella esculenta var. *esculenta* 

- 발생 시기 : 이른 봄
- 생태 : 산림, 정원, 공원의 땅 위에 군생
- 생활형 : 부생균
- 분포 : 동아시아, 동남 아시아, 북아메리카
- 형태 : 자실체는 두부와 대로 이루어져 있으며, 높이 8~9cm. 두부는 난형~난상 원추형이며, 늑맥(肋脈)은 종횡 모두 발달되어 있다. 망목(網目)은 다각형~부정형, 자실층은 두부 망목의 오목한 곳에 생기며, 회갈색이다. 대는 담황백색, 매우 굵은 원통형이며, 속이 비어 있고, 길이 4~6cm.
- 식·독 : 식용(서양에서 애용하는 식용 버섯이나 생식하면 중독된다.)

자실체는 주걱 모양. 전나무 숲 낙엽 위에 발생

넓적콩나물버섯

넓적콩나물버섯속

Spathularia flavida

- 발생 시기 : 여름~가을
- 생태 : 침엽수림 내 땅 위에 군생
- 생활형 : 부생균으로 추측, 때로는 균륜 형성
- 분포 : 전세계
- 형태 : 자실체는 두부와 대로 되어 있으며, 전체의 형태는 주걱형~나뭇잎형, 높이 2~10cm. 두부는 타원판형이며, 높이 1.5~3cm, 담황색~황갈색이고, 평활하다. 대는 황갈색, 일부분이 두부의 상반부까지 들어가 있으나 경계는 뚜렷하다.
- 식·독 : 불명

대 기부는 납작하고 홈이 2~3개 있다

긴대안장버섯

안장버섯속

Helvella elastica

- 발생 시기 : 여름~가을
- 생태 : 산림 내 땅 위에 단생~속생
- 생활형 : 부생균으로 추측
- 분포 : 동아시아, 유럽, 북아메리카
- 형태 : 자실체는 안장형의 자낭반과 긴 대로 되어 있으며, 높이 4~10cm. 자낭반은 유균일 때 컵형이나 나중에 뒤집혀서 안장형이 된다. 자실층

안장형

면은 담회갈색, 아랫면은 담백황색이고 털이 없다. 대는 담회백색, 원통형이며 평활하고, 길이 3.5~8cm.
- 식·독 : 약용

숲 속 습한 땅 이끼 위에 발생 〈사진 / 디지헌〉

꼬마안장버섯　　　안장버섯속

Helvella atra

안장형 〈사진 / 이지헌〉

- 발생 시기 : 여름
- 생태 : 혼합림 내 땅 위에 단생~속성
- 생활형 : 부생균으로 추측
- 분포 : 동아시아
- 형태 : 자실체는 안장형의 자낭반과 가늘고 긴 대로 되어 있으며, 높이 3~6cm. 자실층면은 흑갈색~희흑색이다. 대는 담회갈색, 원통형이며 거칠다.
- 식·독 : 불명

설악산 숲 속 낙엽 위에 발생

콩두건버섯 두건버섯속

Leotia lubrica f. *lubrica*

자낭반은 주먹 모양

- 발생 시기 : 여름~가을
- 생태 : 산림 내 땅 위, 길가 경사지에 군생
- 생활형 : 부생균
- 분포 : 전세계
- 형태 : 자실체는 자낭반과 대로 되어 있으며, 약간 젤라틴상으로 높이 3~6cm. 자낭반은 아래쪽으로 말려 주먹 모양~반구형, 자실층면은 황갈색~황록색이며, 점성이 있다. 대는 등황색이며, 길이 2~5cm.
- 식·독 : 불명

검은 고무질의 질긴 버섯이다

고무버섯

고무버섯속

Bulgaria inquinans

- 발생 시기 : 여름~가을
- 생태 : 활엽수, 특히 쓰러진 졸참나무에 흔히 군생
- 생활형 : 목재부후균
- 분포 : 전세계
- 형태 : 자실체는 구형에서 역원추형으로 변하고, 젤라틴질로 탄력이 있으며, 지름 2~4cm. 자실체 윗

윗면이 자실층

면은 자실층이며, 흑갈색이고, 자실체 아랫면은 농갈색이며, 거칠다.
- 식·독 : 식용(서양에서는 '가난한 자의 감초' 라는 별명이 있다.)

이끼가 덮인 나무둥치 위에 발생

짧은대꽃잎버섯

짧은대꽃잎버섯속

Ascocoryne cylichnium

- 발생 시기 : 봄~가을
- 생태 : 산림 내 다습한 곳에 있는 썩어 가는 고목이나 나뭇가지에 속생~군생
- 생활형 : 목재부후균
- 분포 : 전세계

- 형태 : 자낭반은 컵형~접시형, 때로는 가장자리가 파형(波形)으로 되어 여러 버섯이 속생하면 겹꽃형이 된다. 지름 0.5~2cm. 자낭반은 전체가 자홍색으로 평활하다.
- 식·독 : 불명

노란색 작은 버섯이 나뭇가지에 군생

황색고무버섯

황색고무버섯속

Bisporella citrina

- 발생 시기 : 여름~가을
- 생태 : 활엽수의 땅에 떨어진 가지
나 고목에 군생
- 생활형 : 목재부후균
- 분포 : 동아시아, 유럽
- 형태 : 자실체는 자낭반과 대로 되
어 있고, 전체가 등황색이다. 자낭
반은 접시형~쟁반형, 지름 0.1~

내면은 자실층

0.3cm이며, 평활하다. 대는 짧고,
기부 쪽으로 가늘어진다.
- 식·득 : 불명

숲 속의 부러진 가지나 낙엽 위에 발생

콩꼬투리버섯

콩꼬투리버섯속

Xylaria hypoxylon

- 발생 시기 : 여름~겨울
- 생태 : 산림 내 고목에 단생
- 생활형 : 목재부후균
- 분포 : 전세계
- 형태 : 자실체는 나뭇가지 형이며, 높

이 3~8cm. 표면은 흑갈색이다. 유균일 때 상부는 백색 분말상이나, 성숙하면 매몰된 자낭각의 공구로 인해 사마귀상이 된다.
- 식·독 : 불명

성숙하면 포자를 방출하여 주변이 거무스름해진다

다형콩꼬투리버섯　콩꼬트리버섯속

Xylaria polymorpha

내부는 백색

- 발생 시기 : 여름~가을
- 생태 : 활엽수의 고목, 생목의 밑동 뿌리 근처에 군생
- 생활형 : 목재부후균
- 분포 : 전세계
- 형태 : 자실체는 보통 곤봉형이나 형태가 다양하며, 높이 2~6cm. 외피층은 흑색이고, 목탄질로 단단하며, 자낭각이 매몰되어 있다. 내부는 백색이고, 성숙한 후에도 속은 차 있다.
- 식·독 : 불명

버섯이 분출한 포자로 인해 부근이 검은색으로 되었다

콩버섯 콩버섯속

Daldinia concentrica

- 발생 시기 : 여름~가을
- 생태 : 활엽수의 고목에 군생
- 생활형 : 목재부후균
- 분포 : 전세계
- 형태 : 자실체는 반구형~혹 모양이며, 지름 1~3cm. 표면은 담갈색~흑갈색이고, 자낭각은 표층에 매몰된다. 성숙하면 야간에 포자를 분출하여 표면에 검은 가루가 덮인다. 내부는 암갈색, 코르크질이며, 수직 단면은 동심원상 환문을 나타낸다.
- 식·독 : 불명

내부에는 환문이 있다

자실체는 다양한 원통 모양

붉은사슴뿔버섯

사슴뿔버섯속

Podostroma cornu-damae

* 발생 시기 : 여름~가을
* 생태 : 활엽수림 내 땅에 단생 또는
군생
* 생활형 : 부생균
* 분포 : 동아시아
* 형태 : 자실체는 원통형, 사슴뿔형,
석순형 등으로 다양하며, 높이
3~7cm. 끝 부분은 대부분 둥근
모양이다. 표면은 적등색~홍등색,
때로는 광택이 있으며, 상면에 자

사슴뿔 모양

낭각은 매몰된다. 내부는 백색으로
단단한 육질이다.
* 식·독 : 독버섯(독성이 강하며, 중독
되면 구토, 설사, 두통, 발열 등 여
러 가지 증상이 나타난다.)

군생한 버섯이 수수알 여러 개가 뭉쳐 있는 덩어리 같다

알보리수버섯

알보리수버섯속

Nectria cinnabarina

- 발생 시기 : 여름~가을
- 생태 : 활엽수림, 잡목림 내 죽은 가지의 껍질을 뚫고 군생
- 생활형 : 목재부후균
- 분포 : 전세계
- 형태 : 자실체는 육안으로는 붉은 사마귀처럼 보이나, 확대경으로 보면 나(裸)자낭각의 집단이다. 자낭각은 난형~구형이며, 지름 0.02~0.04cm. 적홍색이며, 약간 옅은 색 방석 모양의 자좌에 집단으로 나생(裸生)한다.
- 식·독 : 불명

2개의 버섯이 벌의 두부에서 발생

벌동충하초

등충하초속

Cordyceps sphecocephala

- 발생 시기: 여름~가을
- 생태: 낙엽이나 흙으로 덮인 벌의
  성충에 발생
- 생활형: 곤충기생균
- 분포: 동아시아, 유럽
- 형태: 자실체는 1~12개 발생, 담등
  황색이며, 높이 4~10cm. 두부는
  긴 타원형이며, 자낭각은 외피층

궁둥이에서 발생한 긴 버섯

에 매몰된다. 대는 원통형이며, 길
이 2~8.5cm.
- 식·독: 불명

노린재 옆구리에서 1개의 버섯이 발생

노린재동충하초　　　동충하초속

Cordyceps nutans

2개의 버섯이 머리에서 발생

- 발생 시기 : 여름~가을
- 생태 : 산림 내 땅 위나 낙엽 속 노린재류의 성충에 발생
- 생활형 : 곤충기생균
- 분포 : 동아시아, 아열대
- 형태 : 자실체는 1~4개 발생하며, 높이 5~15cm. 두부는 등황색의 긴 타원형이며, 자낭각은 두부의 외피층에 비스듬히 매몰된다. 대는 흑색~흑갈색, 광택이 있으며, 철사 모양이다.
- 식·독 : 불명

번데기는 땅 속에 묻혀 있다

번데기동충하초   동충하초속

Cordyceps militaris

- 발생 시기 : 여름~가을
- 생태 : 산림 내 땅 속 인시류의 번데기에 발생
- 생활형 : 곤충기생균
- 분포 : 전세계
- 형태 : 자실체는 1~6개 발생, 곤봉형 육질이며, 높이 3~6cm. 두부는 담적등색, 원통형~방추형이며, 과립상 돌기가 밀생한다. 자낭각은

4개의 버섯이 발생

반매몰되며, 대는 등황색의 원기둥형. 기부는 백색의 균사속이 되어 번데기와 이어진다.
- 식·독 : 약용

나뭇가지에 흰 눈이 덮인 것 같은 버섯

눈꽃동충하초 눈꽃동충하초속

Isaria japonica

어린 버섯

- **발생 시기**: 봄~가을
- **생태**: 습성림(濕性林)의 땅 속 또는 낙엽 속 인시류의 번데기, 유충에 발생
- **생활형**: 곤충기생균
- **분포**: 동아시아, 네팔
- **형태**: 자실체는 1~8개, 눈꽃 덮인 나무 모양으로 높이 4~6cm. 두부는 산호형이며, 백색 분말상의 분생포자로 덮여 있다. 대는 황갈색 유원주형의 분생자병속(分生子柄束)이다.
- **식·독**: 약용

복균류

복균류의 자실체는 주로 지상 또는 지중에 발생하며, 대다수가 부생균이다. 자실체는 각피로 싸여 있으며 유구형이고, 포자가 성숙할 때까지 내부의 기본체는 노출되지 않는다. 포자가 성숙하면 각피는 붕괴되어 개공 또는 열개(裂開)된다. 또, 기본체는 점액화하여 곤충을 통해서 분산되기도 하고, 분상포자괴 또는 소피자가 되어 자연 붕괴되거나 외부의 충격 등으로 분산된다. 복균류의 형태는 구형, 대 또는 탁지(팔)를 신장하는 형, 균망을 내리는 형, 컵형 등 다채롭다.

감자 모양. 위쪽이 갈라져 포자를 분출

황토색어리알버섯　　어리알버섯속

Scleroderma citrinum

- 발생 시기 : 여름~가을
- 생태 : 산림 내 사지(沙地), 불모지 등에 발생, 반지중생
- 생활형 : 균근균
- 분포 : 전세계
- 형태 : 자실체는 유구형이며, 지름 2~3cm. 표면은 황토색이고 비늘 조각 모양이다. 표피는 두껍고 단층

기본체는 흑자색

이며, 절단하면 담홍색으로 색이 변하고, 내부의 기본체는 흑자색이다.
- 식·독 : 독버섯(가벼운 독 성분이 있다.)

전구형. 숲 속 풀밭에 군생

말불버섯

말불버섯속

Lycoperdon perlatum

- 발생 시기 : 여름~가을
- 생태 : 숲 속의 땅이나 초지에 군생 또는 산생
- 생활형 : 부생균
- 분포 : 전세계
- 형태 : 자실체는 전구형, 하부에 무성기부가 있으며, 지름 2~6cm.

표면은 처음에는 백색이나 차츰 황갈색이 되며, 원추형 가시가 밀생하나 나중에 탈락한다. 내부의 기본체는 백색에서 녹갈색을 거쳐 흑갈색 분상 포자괴로 된다.

- 식·독 : 식용(유균), 약용

썩은 그루터기에 군생

좀말불버섯

말불버섯속

Lycoperdon pyriforme

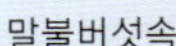

- **발생 시기**: 여름~가을
- **생태**: 산림 내 썩은 나무 토막, 낙엽 속에 군생
- **생활형**: 목재부후균
- **분포**: 전세계
- **형태**: 자실체는 두부와 대 부분으로 되어 있고, 구형~전구형, 높이 2~4cm. 표면의 외피는 황갈색이며, 분말상~사마귀상이나 탈락하

꼭대기의 구멍으로 포자를 분출

기 쉽다. 내부의 기본체는 백색에서 황록색을 거쳐 녹갈색의 분상 포자괴가 된다.

- **식·독**: 식용(유균), 약용

버섯의 아래쪽에 짧은 대가 있다

말징버섯

말징버섯속

Calvatia craniformis

- 발생 시기 : 여름~가을
- 생태 : 숲 속의 낙엽 위나 부식질의 땅 위에 군생
- 생활형 : 부생균
- 분포 : 전세계
- 형태 : 자실체는 유구형~구형, 하부는 무성기부이며, 높이 6~10cm.

표면은 처음에는 백색이나 차츰 황갈색이 되며, 내부의 기본체는 백색에서 황갈색을 거쳐 갈색의 분상 포자괴로 된다. 무성기부는 담황회갈색이며, 해면질이다.

- 식·독 : 식용(유균), 약용

꼭대기에 별 모양의 열구가 있다

연지버섯

연지버섯속

Calostoma japonicum

- 발생 시기 : 여름~가을
- 생태 : 산의 경사지 및 절토지에 군생 또는 산생
- 생활형 : 균근균
- 분포 : 동아시아
- 형태 : 자실체는 구형의 두부와 뿌리 모양의 가짜 대로 나누어지며, 두부는 지름 1~2cm. 표면은 감황갈색, 비늘 조각 모양의 거스러미가 있고,

가짜 대는 뿌리 모양

꼭대기에 별 모양의 열구가 있으며, 열구 주변은 홍색이다. 내부의 기본체는 점토상에서 분말상으로 된다. 가짜 대는 뿌리 모양의 연골질이며, 가는 균사속으로 이루어진다.
- 식·독 : 불명

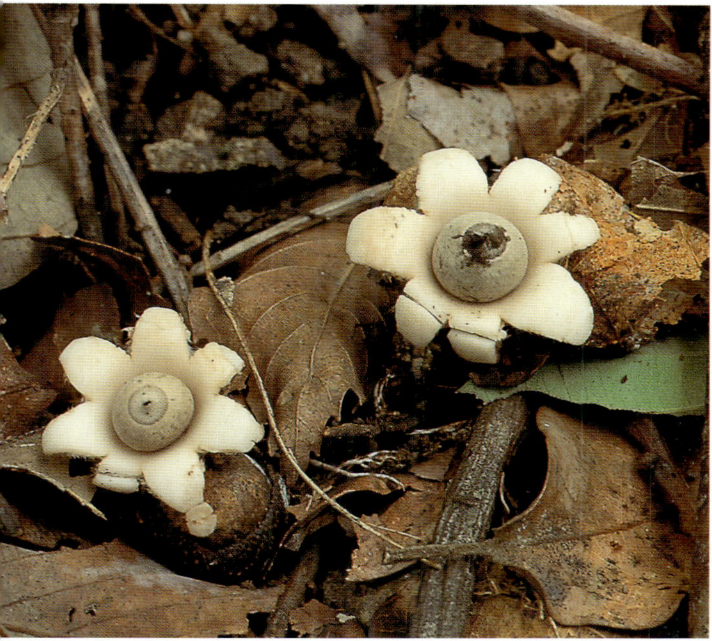

외피가 갈라져 7개의 꽃잎을 가진 꽃 모양

테두리방귀버섯

Geastrum fimbriatum

- 발생 시기 : 가을
- 생태 : 산림 내 부식질의 땅에 군생
- 생활형 : 부생균
- 분포 : 전세계
- 형태 : 자실체는 유균일 때 구형이고 담적갈색, 대는 없으며, 지름 1.5~2.5cm. 성숙한 후 외피는 별 모양으로 열개하여 뒤집힌다. 외피의 내측면은 평활하고, 백색에서 감홍색을 거쳐 황갈색으로 변한다. 내피는 백색에서 암갈색으로 되며, 내부의 기본체는 흑갈색이다.
- 식·독 : 불명

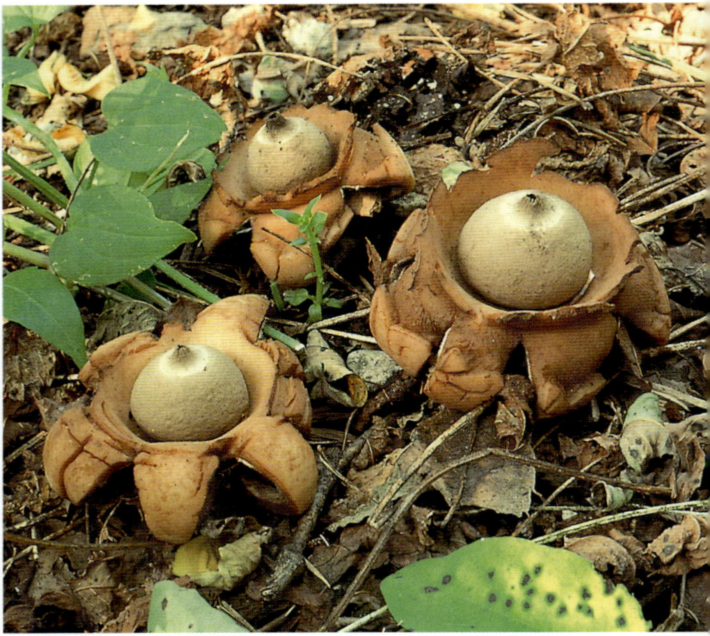

하부의 외피가 부러져 목도리를 두른 모양

목도리방귀버섯

Geastrum triplex

- 발생 시기 : 여름~가을
- 생태 : 숲 속 낙엽이 많은 곳에 군생
- 생활형 : 부생균
- 분포 : 전세계
- 형태 : 자실체는 유균일 때 구형, 대는 없고, 지름 2~4cm, 꼭대기에 뾰족한 돌기가 있다. 외피는 갈색이며, 성숙하면 4~8조각의 별 모양으로 열개되나 하부는 목도리를 두른 것 같은 모양이 된다. 내피는 회백색, 정공(頂孔)으로 포자를 분산한다.
- 식·독 : 약용

내부는 여러 가지 색의 작은 알갱이로 꼭 차 있다

모래밭버섯

모래밭버섯속

Pisolithus tinctorius

- 발생 시기 : 봄~가을
- 생태 : 해안의 소나무 숲 내 사지(沙地), 잡목림에 산생 또는 단생
- 생활형 : 균근균
- 분포 : 전세계
- 형태 : 자실체는 유구형~부정형, 지름 2~6cm, 대는 없거나 또는 가짜 대가 있다. 표피는 얇고, 황갈색에서 흑색으로 변하며, 성숙하면 상부부터 붕괴되어 내부가 노출된다. 기본체는 백색~황갈색 균사막에 싸인 소립괴로 꽉 차 있으나 성숙하면 갈색 분상 포자괴가 된다.
- 식·독 : 약용

컵 속에 작은 바둑돌을 담아 놓은 것 같다

새둥지버섯

새둥지버섯속

Nidula niveo-tomentosa

- 발생 시기 : 여름~가을
- 생태 : 썩은 나무나 마른 가지에 군생
- 생활형 : 목재부후균
- 분포 : 동아시아
- 형태 : 자실체는 유균일 때 백색, 유구형이며, 털이 밀생하나 성숙하면 위쪽 각피가 파열되어 컵형이 된다. 지름 0.4~0.6cm, 높이 1cm. 각피의 내측면은 갈적색, 평활하며, 그 속에 다수의 갈적색 소피자가 들어 있다.
- 식·독 : 불명

머리에 난 주름이 구부러져 우툴두툴하다

황갈색머리말뚝버섯

머리말뚝버섯속

Jansia boninensis

- 발생 시기 : 여름
- 생태 : 활엽수림의 낙엽 위나 썩은 나무 위에 산생 또는 단생
- 생활형 : 부생균
- 분포 : 동아시아
- 형태 : 자실체는 두부 쪽이 가늘어진 원통형이며, 높이 7~8cm. 두부 표면은 적갈색~적색, 환문상 옆주름이 있고, 흑갈색의 점액화한 기본체가 있어서 냄새가 난다. 대는 속이 비어 있고, 대와 대주머니는 담황백색이다.
- 식·독 : 불명

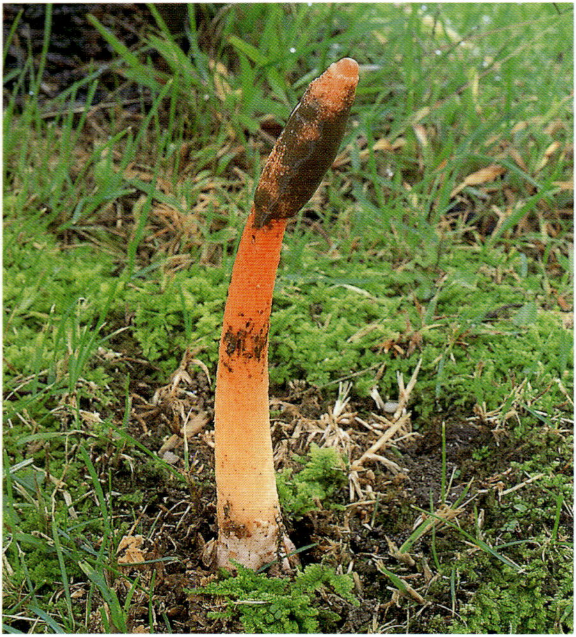

구린내가 나 파리가 모여들기도 한다

붉은말뚝버섯

Phallus rugulosus

- 발생 시기 : 여름~가을
- 생태 : 숲 속, 길가, 공원의 땅 위에 단생, 산생, 군생
- 생활형 : 부생균
- 분포 : 동남 아시아, 타이완
- 형태 : 자실체는 갓 부분과 대 부분으로 구별되며, 높이 10~15cm. 갓은

종형, 암녹갈색 점액 기본체가 있어서 악취가 난다(미국에서는 말뚝버섯을 '악취 나는 뿔(stinkhorn)'이라고 한다). 대는 속이 비어 있고, 상부는 담홍색, 하부는 백색이며, 대주머니는 담백갈색이다.
- 식·독 : 불명

갓 밑에서 나온 백색 균망이 아직 덜 자랐다

망태버섯

망태버섯속

Dictyophora indusiata

- 발생 시기 : 여름~가을
- 생태 : 대나무 숲에 군생, 산생
- 생활형 : 부생균
- 분포 : 동아시아, 북아메리카, 오스트레일리아
- 형태 : 자실체는 높이 10~21cm. 갓은 종형, 갓 표면에는 망목상 둔기에 녹청색 점액 기본체가 있어서 악취가 난다. 균망은 백색 망사 스커트상이며, 대는 백색, 속은 비어 있고, 대주머니도 백색이다. 유균은 난형~구형, 표피의 열개는 이른 아침에 시작되는데, 먼저 표피를 뚫고 갓이 나타나며, 이어서 대와 갓 사이에 접혀 있던 순백의 균당이 자란다. 생장 속도는 매초 2~3mm로 2~3시간 만에 생장이 모두 완료된다.
- 식·독 : 식용, 약용

갓 밑에서 나온 황색 균망이 땅에 닿아 있다

노랑망태버섯

망태버섯속

Dictyophora indusiata f. lutea

- 발생 시기 : 여름~가을
- 생태 : 잡목림 내 땅 위에 발생
- 생활형 : 부생균
- 분포 : 동아시아, 동남 아시아
- 형태 : 자실체는 높이 10~20cm, 유균은 난형~구형이다. 갓은 종형, 갓 표면에는 망목상(網目狀)의 융기가 있고, 농록색의 점액화한 기본체가 있어서 악취가 난다. 갓 정단(頂端)은 백색의 환상, 균망은 황색의 망사 스커트상으로, 땅에 닿을 정도로 길게 자란다. 대는 백색~담황색으로 속이 비어 있고, 대주머니는 담자백색이다.
- 식·독 : 식용(중국)

아까시나무 숲 속에 산생

3개의 팔이 나와 윗부분에서 합쳐졌다

세발버섯

세발버섯속

Pseudocolus schellenbergiae

- 발생 시기 : 여름~가을
- 생태 : 숲 속의 땅, 죽림, 길가에 군생
- 생활형 : 부생균
- 분포 : 전세계
- 형태 : 자실체는 높이 4~7cm, 유균은 백색이고 난형, 성숙하면 보통 3개(때로는 4~6개)의 탁지와 대로 된다. 탁지는 황색~등황색으로 활처럼 휘어져 꼭대기에서 결합한다. 탁지 내측면은 갈흑색으로 점액화

4개의 팔

한 기본체가 있어서 악취가 난다. 대는 홍등색~등황색, 탁지보다 짧고, 속은 비어 있으며, 아래쪽은 희다. 대주머니는 백색이다.
- 식·독 : 약용

6개의 팔이 결합하여 두부 꼭대기는 새의 주둥이처럼 뾰족하다

새주둥이버섯

새주둥이버섯속

Lysurus mokusin

- 발생 시기 : 초여름~가을
- 생태 : 산림, 풀밭, 길가 땅 위에 발생
- 생활형 : 부생균
- 분포 : 동아시아, 오스트레일리아, 타이완
- 형태 : 자실체는 사각기둥형~칠각 기둥형, 높이 5~6cm. 두부는 4~

7개의 홍색~적갈색의 탁지가 끝에서 결합하며, 흑갈색 점액 기본체가 탁지 내측면에 있어서 악취가 난다. 대는 담홍색이고, 탁지와 같은 수의 모서리를 가진 각기둥이다. 대주머니는 백색이다.
- 식·독 : 불명

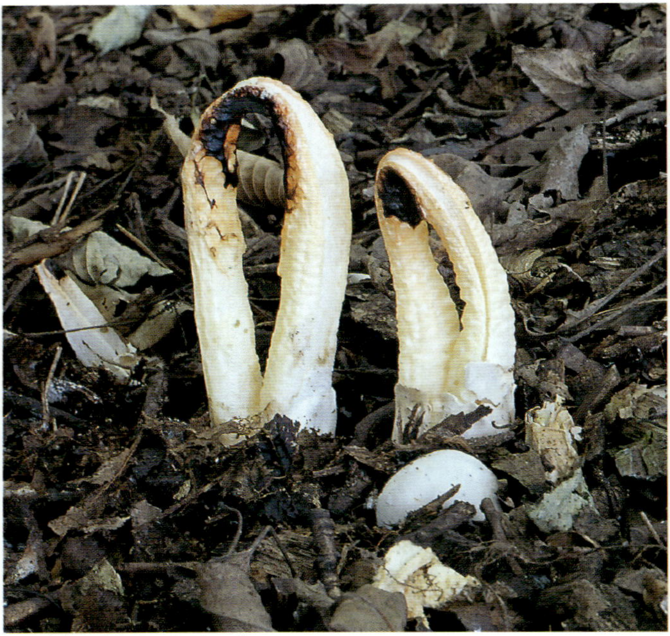

대주머니는 백색, 유근은 알 모양

게발톱버섯

Linderia bicolumnata

- 발생 시기 : 가을
- 생태 : 산림, 정원의 유기질이 많은 땅 위에 군생
- 생활형 : 부생균
- 분포 : 동아시아
- 형태 : 유균은 백색이며 난형, 표피가 열개하면 2개의 탁지가 자라며,

높이 5~7.2cm. 탁지는 담황색~담등황색, 2개가 꼭대기에서 결합하며, 탁지 상부 내측면에 농갈색 점액 기본체가 있어서 악취가 난다. 대주머니는 백색이다.
- 식·독 : 불명

고구마 모양. 내부는 한천질

흰찐빵버섯

찐빵버섯속

Kobayasia nipponica

- 발생 시기 : 가을
- 생태 : 수림, 특히 송림에 발생, 지중생~반지중생
- 생활형 : 균근균
- 분포 : 동아시아
- 형태 : 자실체는 편구형~유구형, 지름 3~7cm. 표면은 담갈백색이며,

미세한 균열이 있거나 평활하다. 너부의 기본체는 녹색~갈색의 연골질 소실(小室)로 이루어져 있으며, 소실 내벽에 자실층을 형성한다. 성숙하면 액상으로 되어 포자를 유출한다.
- 식·독 : 불명

길가 허물어진 땅 위에 발생

먼지버섯

Astraeus hygrometricus

- 발생 시기 : 봄~가을
- 생태 : 숲 속이나 길가의 비탈진 땅 위에 발생
- 생활형 : 균근균
- 분포 : 전세계
- 형태 : 자실체의 유균은 회갈색~흑갈색으로 구형~편구형이며, 지름 1.5cm~2cm. 외피는 백은색 얇은 막의 3층 구조, 성숙 후 6~9조각으로 열개되어 별 모양을 이루며, 습건(濕乾)에 따라 개폐한다(미국에서는 먼지버섯을 '땅의 별(earthstar)'이라고 한다.). 내피는 담회갈색, 평활하고 얇은 막으로 되어 있으며, 정공(頂孔)에서 분상 포자괴를 방출한다.
- 식·독 : 약용

목이류

목이류는 보통 젤라틴질 또는 아교질로, 습할 때에는 크게 부풀고 부드럽지만, 건조하면 수축하며 연골질로 되어 단단해진다. 그러나 수분을 흡수하면 다시 원상으로 회복되는 성질이 있다. 목이류는 꽃잎 모양인 여러 자실체가 모여 겹꽃형을 이루기도 하고, 방석 모양, 뇌 모양을 이루기도 하며, 또 자실체들이 서로 융합하여 부정형으로 되기도 한다.

겹꽃 모양 〈사진 / 이지헌〉

꽃흰목이

흰목이속

Tremella foliacea

- **발생 시기** : 여름~가을
- **생태** : 활엽수 고목의 갈라진 틈에
  서 발생
- **생활형** : 목재부후균
- **분포** : 전세계
- **형태** : 자실체는 겹꽃형~파형, 젤라
  틴질로, 건조하면 암갈색의 단단한
  연골질이 된다. 높이 4~6cm. 표

젤라틴질

면은 담갈색~적갈색, 전 표면이 자
실층이다.
- **포자문** : 담황백색
- **식·독** : 식용, 약용

반투명한 흰 겹꽃 모양. 불타다 남은 그르터기에 발생

흰목이

흰목이속

Tremella fuciformis

- 발생 시기 : 여름~가을
- 생태 : 활엽수의 고목에 발생
- 생활형 : 목재부후균
- 분포 : 전세계
- 형태 : 자실체는 겹꽃형~파형, 젤라틴질로, 건조하면 연골질이 된다.

높이 3~8cm. 표면은 백색, 평활하고, 전 표면이 자실층이다.
- 포자문 : 담황백색
- 식·독 : 식용(고급 중화 요리의 재료이다.), 약용

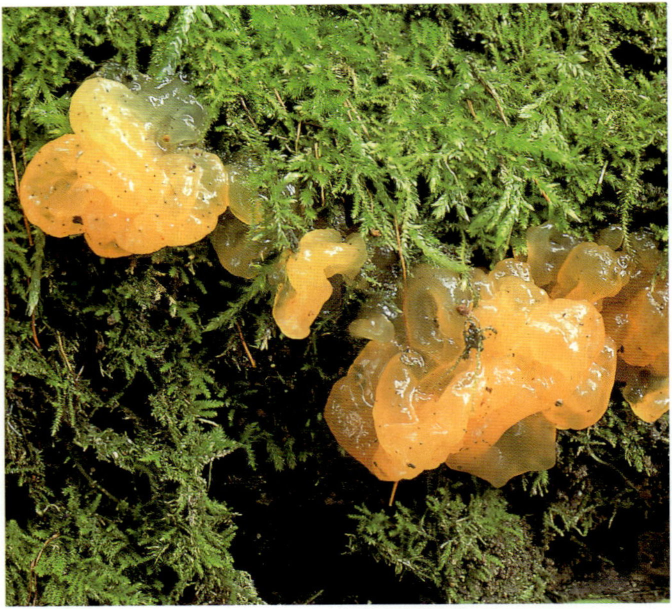

자실체는 뇌 모양. 이끼가 낀 썩은 나무 등걸에 발생

붉은목이

Dacrymyces palmatus

- 발생 시기 : 가을
- 생태 : 침엽수의 고목에 군생
- 생활형 : 목재부후균
- 분포 : 동아시아, 북아메리카
- 형태 : 자실체는 뇌 모양, 젤라틴질로, 오래 되면 얕게 갈라져 잎 모양의 조각이 된다. 지름 2~5cm. 표면(자실층면)은 황적색~등적색,

젤라틴질

평활하고, 뇌 모양의 주름이 있다.
- 포자문 : 담황백색
- 식·독 : 약용

껍질 없는 썩은 나무 토막에 작은 뿔 모양으로 군생

아교뿔버섯

아교뿔버섯속

Calocera cornea

- 발생 시기 : 여름~가을
- 생태 : 활엽수, 침엽수의 고목, 썩은 재목에 군생
- 생활형 : 목재부후균
- 분포 : 전세계
- 형태 : 자실체는 뿔형, 단단한 젤라틴질~연골질이며, 높이 1~1.5cm. 표면은 담황색~등황색으로 평활하그, 자실층은 전 표면에 형성된다.
- 식·독 : 불명

썩은 나무 등걸에 발생

싸리아교뿔버섯

아교뿔버섯속

Calocera viscosa

- 발생 시기 : 여름~가을
- 생태 : 침엽수의 썩은 나무나 낙엽 위에 단생 또는 속생
- 생활형 : 목재부후균
- 분포 : 북반구 온대 이북
- 형태 : 자실체는 산호형, 가지는 하나가 2개로 계속 갈라지며, 위쪽

으로 갈수록 짧아진다. 연골질이며, 높이 2.5~5cm. 표면은 등황색, 자실체 위쪽 표면 전체가 자실층이다.
- 포자문 : 담갈황색
- 식·독 : 불명

황금색의 산호형으로 매우 화려하다

주걱~부채 모양. 껍질 없는 나무 등걸에 군생

혀버섯 혀버섯속

Guepinia spathularia

- 발생 시기 : 봄~가을
- 생태 : 침엽수(때로는 활엽수)의 고목에 열을 지어 군생
- 생활형 : 목재부후균
- 분포 : 전세계
- 형태 : 자실체는 부채형~주걱형, 연골질에 가까운 젤라틴질로, 건조시 수축하여 한쪽 면이 희게 된다. 높이 0.4~2cm. 자실층은 한쪽 면에

자실층은 평활하다

생기며, 등황색, 평활하다. 비자실층면은 등황색, 짧은 털이 있고, 약간 점성이 있다.

- 식·독 : 불명

활엽수의 고목에 발생. 건조하면 색깔이 짙어진다

목이

Auricularia auricula

- 발생 시기 : 봄~가을
- 생태 : 활엽수의 고목에 군생
- 생활형 : 목재부후균
- 분포 : 전세계
- 형태 : 자실체는 접시형~귀형, 젤라틴질로 건조시 수축하여 흑갈색의 연골질이 된다. 지름 3~6cm. 뒤쪽 면의 일부가 기물에 부착하며, 비자실층면이고, 황갈색~갈색, 짧은 털이 밀생한다. 자실층면은 황갈색으로 평활하다.
- 포자문 : 백색
- 식·득 : 식용, 약용

자실층면은 자갈색

털목이 목이속

Auricularia polytricha

- **발생 시기** : 봄~가을
- **생태** : 활엽수의 고목에 군생
- **생활형** : 목재부후균
- **분포** : 전세계
- **형태** : 자실체는 원반형~귀형~컵형, 젤라틴질로 지름 4~8cm. 뒤쪽면 일부가 기물에 부착하며, 비자실층면이고, 회백색, 짧은 털이

윗면에 백색 짧은 털이 빽빽하다

밀생한다. 자실층면은 자갈색으로 평활하다.

- **포자문** : 백색
- **식·독** : 식용, 약용

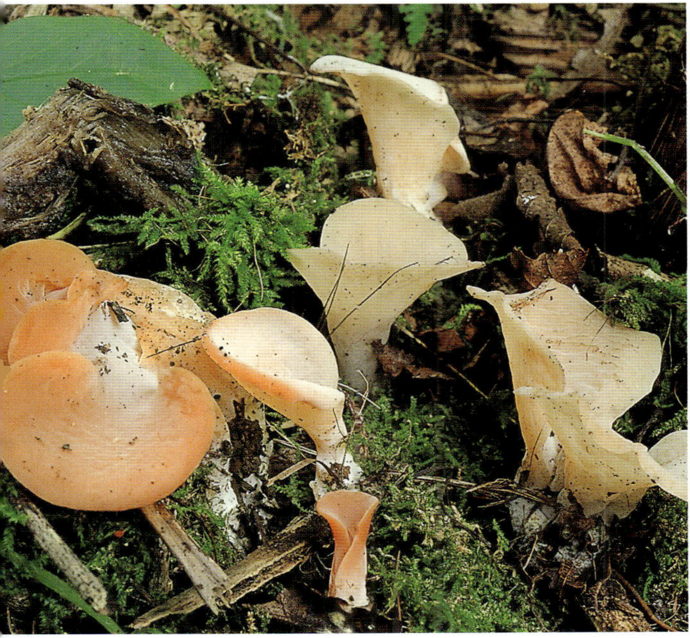

아랫면의 색깔이 윗면보다 약간 짙다

장미주걱목이

Phlogiotis helvelloides

- 발생 시기 : 봄~가을
- 생태 : 침엽수림, 혼합림 내 땅 위에 군생 또는 단생
- 생활형 : 부생균
- 분포 : 전세계
- 형태 : 자실체는 주걱형~부채형, 젤라틴질로 탄력이 있으며, 높이 2.5~9cm. 하반부가 줄기처럼 되어 곧게 서며, 두부와 대의 구별이 불분명하다. 윗면은 담홍색~적등색, 아랫면(자실층면)은 윗면보다 짙은 색이다.
- 포자문 : 백색
- 식·독 식용(서양)

자실체는 서로 거의 유착되지 않는다

아교좀목이

좀목이속

Exidia uvapassa

- **발생 시기**: 봄~가을
- **생태**: 주로 참나무과 낙엽수의 마른 가지에 발생
- **생활형**: 목재부후균
- **분포**: 동아시아
- **형태**: 자실체는 유구형~평판형~귀형으로 그 형태가 매우 다양하며, 서로 접하여도 융합하지 않고 개별 성장을 한다. 젤라틴질로 지름 0.5~2.5cm. 표면은 갈색~담갈홍색, 주름상이며, 때로는 작은 사마귀로 덮인다. 전 표면이 자실층이며, 이면(裏面)이 기물에 부착한다.
- **포자문**: 백색
- **식·독**: 불명

자실체는 주름진 뇌 모양

좀목이

Exidia glandulosa

- 발생 시기 : 여름~가을
- 생태 : 여러 가지 종류의 고사목에 군생
- 생활형 : 목재부후균
- 분포 : 전세계
- 형태 : 자실체는 구형~뇌 모양이나 서로 융합하여 부정형으로 되며, 부드러운 젤라틴질이다. 표면(자실층면)은 청흑색, 주름진 뇌 모양이

어린 버섯

며, 때로는 작은 가시로 덮인다. 이면(裏面)은 흑갈색~흑색으로 평활하고, 기물에 꽉 밀착되어 있다.
- 포자문 : 백색
- 식·독 : 식용

버섯의 아랫면은 길고 큰 헛바늘 모양

헛바늘목이

헛바늘목이속

Pseudohydnum gelatinosum

- **발생 시기** : 봄~가을
- **생태** : 침엽수의 그루터기에 단생 또는 군생
- **생활형** : 목재부후균
- **분포** : 동아시아, 북아메리카
- **형태** : 자실체는 반원형~부채형, 젤라틴질로 지름 2.5~4cm. 윗면은 회갈색~담갈색, 아랫면(자실층면)은 백색~황백색, 긴 침상 돌기가 밀생하며, 그 표면이 자실층이다. 대는 아주 짧고, 편심생이다.
- **포자문** : 백색
- **식·독** : 식용, 약용

민주름버섯류

민주름버섯류는 이름 그대로 주름살기 없는 버섯이며, 형태와 생태가 매우 복잡하고 다양하다. 예를 들면, 영지처럼 갓과 대가 있는 것, 잔나비걸상처럼 갓단 있는 것, 싸리버섯처럼 산호형인 것, 또 나팔버섯과 같이 주름버섯류와 유사한 형 등이 있다. 자실층면은 관공상, 침상, 주름상 등 여러 가지 형태이다. 조직은 가죽질, 코르크질, 목질 등 단단한 것이 많다. 균근균과 부생균도 있으나 목재부후균이 특히 많다.

갓 표면은 적황색~등색

나팔버섯 나팔버섯속

Gomphus floccosus

- **발생 시기**: 여름~가을
- **생태**: 침엽수림 내 땅 위에 단생 또는 군생
- **생활형**: 균근균
- **분포**: 동아시아, 유럽, 북아메리카
- **형태**: 자실체는 나팔형~깔때기형, 높이 10~15cm. 갓의 중심은 대의 기부까지 뚫리며, 갓 표면은 적황색~등색, 황색~갈색의 비늘 조각 또는 적색의 얼룩무늬가 있다. 갓 아

아랫면은 맥상의 주름

랫면(자실층면)은 황백색, 맥상(脈狀)의 주름이 대까지 내려온 모양이며, 대는 담적황색으로 평활하다.
- **포자문**: 담갈색
- **식·독**: 독버섯(중독되면 설사, 구토 등을 일으킨다.)

나팔 모양. 숲 속 습한 땅 위에 군생

뿔나팔버섯

뿔나팔버섯속

Craterellus cornucopioides

- 발생 시기 : 늦여름~가을
- 생태 : 산림 내 땅 위에 단생 또는 군생
- 생활형 : 균근균
- 분포 : 전세계
- 형태 : 자실체는 나팔꽃형, 높이 5~10cm. 중심부는 대의 기부까지 뚫린다. 갓 표면은 흑갈색~흑색, 비늘 모양의 미세한 비늘 조각으로 덮인다. 갓 아랫면(자실층면)은 회백색으로 거의 평활하고, 길게 내린 고양이다.
- 포자문 : 담황백색
- 식·독 : 식용

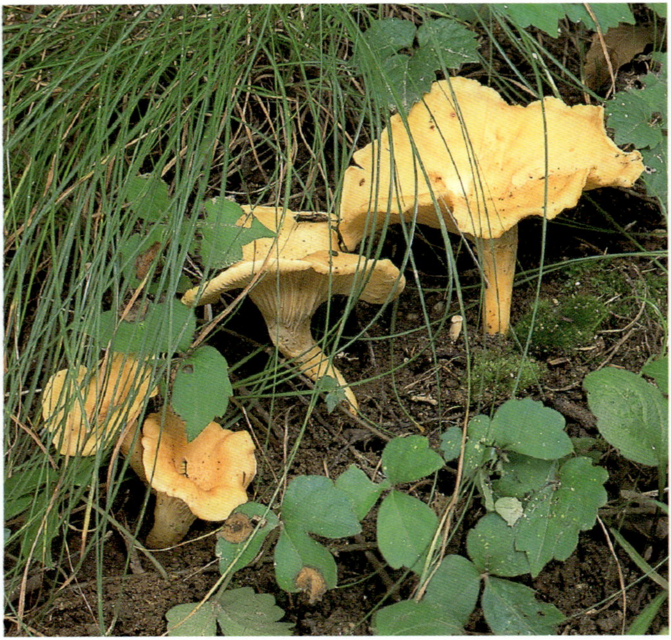

갓 아랫면은 연락맥이 있는 주름상

꾀꼬리버섯

Cantharellus cibarius

- 발생 시기 : 늦여름~가을
- 생태 : 혼합림 내 땅 위에 단생 또는 군생
- 생활형 : 균근균
- 분포 : 전세계
- 형태 : 자실체는 갓과 대로 이루어지며, 높이 3~9cm. 갓은 오이꽃형, 둘레는 파형이다. 갓 표면은 난황색으로 평활하고, 갓 아랫면(자실층면)은 난황색, 두꺼운 주름상이며, 주름은 서로 맥상(脈狀)으로 연결된다. 대는 난황색. 원주형이다.
- 포자문 : 담황색
- 식·독 : 식용, 약용

자실체는 오이꽃 모양. 갓 표면은 매끈하다

아주 작은 버섯. 산 언덕 습한 땅 위에 발생

애기꾀꼬리버섯　　　꾀꼬리버섯속

Cantharellus minor

- **발생 시기** : 여름~가을
- **생태** : 혼합림 내 땅 위에 산생
- **생활형** : 균근균
- **분포** : 전세계
- **형태** : 자실체는 소형, 갓과 대로 이루어지며, 높이 1~2cm. 갓은 평반구형이나 차츰 끝때기형으로 변하며, 둘레는 파형이다. 갓 표면은 담황색~등황색, 갓 아랫면(자실층면)은 갓과 같은 색이며, 이랑 모양의 내린형이다. 대는 갓과 같은 색으로 평활하다.
- **포자문** : 담황색
- **식·독** : 식용, 약용

주름살은 이랑형

숲 속 낙엽 위에 군생

붉은꾀꼬리버섯　　꾀꼬리버섯속

Cantharellus cinnabarinus

- 발생 시기 : 여름~가을
- 생태 : 산림 내 땅 위에 군생
- 생활형 : 균근균
- 분포 : 동아시아, 북아메리카
- 형태 : 자실체는 갓과 대로 이루어
지며, 높이 2.5~4cm. 갓은 처음
에는 반구형이나 차츰 깔때기형으
로 변하며, 둘레는 파형이다. 갓 표
면은 적등색, 평활하나 광택이 없

갓 아랫면은 담홍색

고, 갓 아랫면(자실층면)은 담홍색,
맥상(脈狀)의 주름살은 내린형이다.
대는 적등색이다.

- 포자문 : 백색~담홍색
- 식·독 : 식용

자실체는 산호형. 분지 표면은 황색

노랑싸리버섯 싸리버섯속

Ramaria flava

- 발생 시기 : 가을
- 생태 : 숲 속 땅 위에 발생
- 생활형 : 균근균
- 분포 : 동아시아, 유럽
- 형태 : 자실체는 산호형이며, 대의 굵은 기부에서 분지가 발달한다.

상처가 나면 적색으로 변하며, 높이 10~20cm. 분지 표면(자실층면)은 황색, 기부는 백황색이다.
- 포자문 : 황갈색
- 식·독 : 독버섯(구토, 설사 등 가벼운 중독 증상을 일으킨다.)

자실체는 산호형. 설악산 숲 속 땅 위에 군생

붉은싸리버섯

싸리버섯속

Ramaria formosa

- 발생 시기 : 가을
- 생태 : 활엽수림 내 땅 위에 군생
- 생활형 : 균근균
- 분포 : 북반구 온대 이북, 오스트레일리아
- 형태 : 자실체는 산호형이며, 높이 8~20cm. 상처가 나면 적갈색으로 변한다. 분지 표면(자실층면)은 홍색~등홍색이며, 기부는 담백홍색이다.
- 포자문 : 황갈색
- 식·독 : 독버섯(가벼운 독성이 있다.)

어린 버섯이 성장하면 산호형기 된다

싸리버섯

싸리버섯속

Ramaria botrytis

- 발생 시기 : 가을
- 생태 : 숲 속 땅 위에 단성 또는 군생
- 생활형 : 균근균
- 분포 : 동아시아, 유럽, 북아메리카
- 형태 : 자실체는 산호형, 대의 굵은 기부에서 분지가 발달하며, 높이 7~18cm. 분지 표면(자실층면)은 백홍색, 분지 끝 부분은 담홍색~담자색이며, 기부는 백색으로 원통형이다.
- 포자문 : 황갈색
- 식·독 : 식용, 약용

산의 북향 언덕빼기에 무리지어 발생

노랑창싸리버섯

Clavulinopsis fusiformis

- 발생 시기 : 여름~가을
- 생태 : 잡목림의 땅 위에 총생 또는 군생
- 생활형 : 균근균으로 추측
- 분포 : 북반구 온대 이북
- 형태 : 자실체는 장방추형~편평 막대형, 때로는 뒤틀린다. 높이 5~12 cm. 육질이나 무르지 않다. 표면(자실층면)은 황색으로 평활하다.
- 포자문 : 백색~담황색
- 식·독 : 식용

분지 표면은 짙은 보라색

자주싸리국수버섯

국수버섯속

Clavaria zollingeri

- 발생 시기 : 가을
- 생태 : 산림 내 땅 위에 군생
- 생활형 : 균근균으로 추측
- 분포 : 전세계
- 형태 : 자실체는 산호형, 나뭇가지형으로 1~4회 가는 가지로 분지한

다. 높이 2~7.5cm. 분지 표면(자실층면)은 농자색에서 자홍색으로 변하며, 대는 담자색이다.

- 포자문 : 백색
- 식·독 : 식용, 약용

한라산 숲 속 땅 위에 군생

국수버섯

국수버섯속

Clavaria vermicularis

- 발생 시기 : 가을
- 생태 : 활엽수림의 땅 위에 총생
- 생활형 : 균근균으로 추측
- 분포 : 전세계
- 형태 : 자실체는 가늘고 긴 원통형~

국수형, 높이 5~12cm. 표면(자실층면)는 백색에서 담황색으로 변하며, 평활하다.

- 포자문 : 백색
- 식·독 : 식용

자실체는 끝이 뾰족한 긴 평봉형

자주국수버섯 국수버섯속

Clavaria purpurea

- 발생 시기 : 가을
- 생태 : 침엽수림, 특히 소나무 숲 내 땅 위에 총생 또는 군생
- 생활형 : 균근균으로 추측
- 분포 : 동아시아, 유럽, 북아메리카
- 형태 : 자실체는 평봉형(平棒形)~원통형, 높이 2.5~12cm. 표면(자실층면)은 자색~자갈색. 평활하고 기

숲 내 땅 위에 군생

부는 백색이다.
- 포자문 : 백색
- 식·독 : 식용

표면의 깊은 주름이 뒤틀려 있는 방망이형

방망이싸리버섯

방망이싸리버섯속

Clavariadelphus pistillaris

- 발생 시기 : 가을
- 생태 : 활엽수림 내 땅 위에 단생 또는 군생
- 생활형 : 부생균
- 분포 : 동아시아, 북아메리카, 유럽
- 형태 : 자실체는 방망이형으로 높이 10~30cm. 표면(자실층면)은 담황색~담황갈색이며, 세로 방향으로 주름이 있다. 접촉하면 자갈색으로 변한다.
- 포자문 : 백색~담황색
- 식·독 : 식용, 약용

자실체의 가지 끝은 컵 또는 왕관 모양 〈사진 / 이지헌〉

좀나무싸리버섯

나무싸리버섯속

Clavicorona pyxidata

- **발생 시기** : 여름~가을
- **생태** : 침엽수림(특히 소나무), 활엽수림의 쓰러진 나무, 썩은 나무에 발생
- **생활형** : 목재부후균
- **분포** : 전세계
- **형태** : 자실체는 산호형으로 높이 5~15cm. 왕관형~배형(杯形)으로 분지하며, 분지 끝 부분은 왕관형이다. 표면(자실층면)은 담황백색에서 황토색으로 변한다.
- **포자문** : 백색
- **식·독** : 약용(매운맛)

갓은 오목 편평형∼부정 평반구형

흰턱수염버섯 턱수염버섯속

Hydnum repandum var. *album*

- 발생 시기 : 여름∼가을
- 생태 : 산림 내 땅 위에 군생
- 생활형 : 균근균
- 분포 : 전세계
- 형태 : 자실체는 갓과 대로 되어 있
  으며, 전체가 백색이고 부드러운
  육질로 무르다. 갓은 부정 평반구
  형∼오목 편평형, 지름 2∼10cm.
  갓 표면은 평활하고, 갓 아랫면은

갓 아랫면은 침상

침상이다. 대는 길이 1.5∼7cm로
측심생이다.
- 포자문 : 백색
- 식·독 : 식용

활엽수림 내 땅 위에 군생 〈사진 / 이지헌〉

능이

노루털버섯속

Sarcodon aspratus

- **발생 시기** : 가을
- **생태** : 활엽수림 내 땅 위에 열을 지어 군생
- **생활형** : 균근균
- **분포** : 동아시아
- **형태** : 자실체는 나팔꽃형, 지름 7~25cm. 육질이고, 건조하면 강한 향기가 난다. 갓 표면은 담홍갈색~갈색, 흑갈색의 거칠고 큰 거스러미로 덮인다. 갓 아랫면의 침은 대의 하부까지 밀생하며, 처음에는 회백갈색이나 후에 암적갈색이 된다. 길이 1cm 정도. 대는 담홍갈색~담흑갈색이다.
- **포자문** : 담갈색
- **식·독** : 식용, 약용(생식하면 가벼운 중독을 일으키며, 위염, 위궤양 환자는 삼가는 것이 좋다. 민간에서는 육류를 먹고 생긴 체증에 소화제로 이용한다.)

갓 아랫면에 젖꼭지 모양의 작은 사마귀가 나 있다

사마귀버섯

사마귀버섯속

Thelephora terrestris

- 발생 시기 : 여름~가을
- 생태 : 산림 내 모래땅, 적토에 발생하여 풀줄기나 작은 나무에 달라붙는다.
- 생활형 : 균근균
- 분포 : 북반구 온대 이북
- 형태 : 갓은 부채형~부정원형, 유연한 가죽질이며, 지름 2~3cm. 갓 표면은 갈적색~자갈색, 환상~방사상의 섬유질 비늘 조각이 있어 거칠다. 갓 아랫면은 담자갈색, 유두상 사마귀가 있다.
- 포자문 : 자갈색
- 식·독 : 불명

갓 아랫면의 관공은 방사상으로 배열된 벌집 모양

좀벌집버섯

구멍장이버섯속

Polyporus arcularius

- 발생 시기 : 여름
- 생태 : 활엽수의 고목에 둔생
- 생활형 : 목재부후균
- 분포 : 전세계
- 형태 : 갓은 얕은 깔때기형, 부드러운 가죽질이며, 지름 1~5cm. 갓 표면은 담황색 바탕에 갈회색 비늘 조각이 산재해 있다. 갓 아랫면은 백색~담황백색, 관공은 방사상으로 배열되어 있으며, 대는 갈회색이다.
- 포자문 : 백색
- 식·독 : 불명

갓 윗면에는 동심원상의 환문과 비단상 광택이 있다

톱니겨우살이버섯　　겨우살이버섯속

Coltricia cinnamomea

- 발생 시기 : 여름~가을
- 생태 : 산길 옆 경사지에 산생
- 생활형 : 부생균
- 분포 : 전세계
- 형태 : 갓은 평깔때기형, 가죽질, 가장자리는 얇으며, 지름 1~4cm. 갓 표면은 적갈색~황갈색, 동심원상 환문과 비단과 같은 광택이 있다. 갓 아랫면은 농갈색으로 관공

자실층은 관공상

상이고, 공구는 다각형으로 미세하며, 내린형이다. 대는 흑갈색으르 중심생이다.
- 포자문 : 황갈색
- 식·독 : 불명

그루터기에 기와를 쌓은 듯이 중생 생장부는 백색

구름버섯(운지)

Coriolus versicolor
Trametes versicolor

- 발생 시기 : 봄~가을
- 생태 : 침엽수, 활엽수의 고목에 중첩하여 군생
- 생활형 : 목재부후균
- 분포 : 전세계
- 형태 : 갓은 반원형, 강인한 가죽질로 지름 1~5cm. 갓 표면에는 회색~흑색의 환문이 있으며, 벨벳상이다. 갓 아랫면(관공면)은 백색에서 담황색을 거쳐 회갈색으로 변하며, 공구는 원형으로 미세하다.
- 포자문 : 백색~담황백색
- 식·독 : 약용(외국에서는 항종양제로 개발되고 있다.)

고목 전체에 군생

갓 테두리는 톱니 모양

송곳니구름버섯 구름버섯속

Coriolus brevis
Antrodiella zonata

- **발생 시기**: 여름~가을
- **생태**: 활엽수의 고목 그루터기에
  군생~중생
- **생활형**: 목재부후균
- **분포**: 동아시아, 오스트레일리아
- **형태**: 갓은 반원형이며 얇고, 가죽
  질이다. 털은 없으며, 반배착생으
  로 기부는 서로 유착하여 연결된
  다. 지름 1~3cm. 테두리는 약간
  톱니 모양이다. 갓 표면은 담적갈

갓 아랫면은 짧은 이빨 모양

색, 방사상 섬유문과 환문이 있다.
갓 아랫면은 적황색~담홍색, 치아
상 짧은 돌기가 밀생한다.
- **포자문**: 백색
- **식·독**: 약용

새로 생장하는 부위는 선명한 담황색

아까시재목버섯

재목버섯속

Fomitella fraxinea
Perenniporia fraxinea

- 발생 시기 : 봄~가을
- 생태 : 활엽수, 특히 아카시아의 고목 또는 생목의 밑동에 군생~중생
- 생활형 : 목재부후균
- 분포 : 북반구
- 형태 : 갓은 반원형, 코르크질이며,

너비 5~10cm. 갓 표면은 적갈색~흑갈색, 생장부는 담황색으로 환문이 있다. 갓 아랫면은 담백황갈색, 공구는 미세하다.
- 포자문 : 백색
- 식·독 : 약용

갓 아랫면은 방사상을 이룬 주름살 모양

조개껍질버섯

조개껍질버섯속

Lenzites betulina

- 발생 시기 : 여름~가을
- 생태 : 침엽수, 활엽수의 고목에 군생
- 생활형 : 목재부후균
- 분포 : 전세계
- 형태 : 갓은 조개 껍더기형, 지름 2~10cm. 갓 표면은 황회색~회갈색~회백색, 짧은 털로 덮여 동심원상 환문을 나타내며, 벨벳상이다. 갓 아랫면은 백색~회색, 주름살 모양이며, 방사상으로 배열된다.
- 포자문 : 백색
- 식·독 : 약용

갓 아랫면은 백색

벽돌빛뿌리버섯(개칭) 뿌리버섯속

Heterobasidion insularis

- 발생 시기 : 봄~가을
- 생태 : 침엽수의 그루터기에 발생
- 생활형 : 목재부후균
- 분포 : 동아시아, 타이완, 필리핀
- 형태 : 갓은 반원형, 지름 2.5~5cm. 갓 표면은 갈적색, 희미한 방사상 주름과 환문이 있고, 생장부는 백

생장부는 백색

색이다. 갓 아랫면은 백색, 원형~미로상 공구가 있다.
- 포자문 : 백색
- 식·독 : 불명

살아 있는 소나무에 발생. 갓 표면에 광택이 있다

소나무잔나비버섯

잔나비버섯속

Fomitopsis pinicola

- 발생 시기 : 여름~가을
- 생태 : 침엽수의 입목이나 쓰러진 나무에 발생, 다년생
- 생활형 : 목재부후균
- 분포 : 북반구 온대 이북
- 형태 : 갓은 반구형~편평 말굽형, 목질로 너비 4~30cm(큰 것은 너비 50cm, 두께 30cm에 달하는 것도 있다.). 갓 표면은 회갈색~흑갈색, 광택이 있다. 환구(環溝)는 생장 과정을 표시하며, 생장부는 백색이다. 갓 아랫면은 황백색, 미세한 원형 공구, 관공은 다층이며, 각 층의 두께는 0.2~0.5cm이다.
- 포자문 : 백색
- 식·독 : 약용

침엽수의 그루터기에 발생, 조직은 매우 연하다

붉은덕다리버섯　　　　　　　　　덕다리버섯속

Laetiporus sulphureus var. *miniatus*

- 발생 시기 : 봄~여름
- 생태 : 침엽수의 입목, 그루터기에 단생~중생
- 생활형 : 목재부후균
- 분포 : 동아시아, 유럽
- 형태 : 갓은 부채형~반원형, 지름 5~20cm. 갓 표면은 주홍색, 갓 아랫면은 담홍색이며, 공구는 원형이다.
- 포자문 : 백색
- 식·독 : 약용, 유균은 식용(생식하면 중독된다.)

생장부는 백색. 다년생

잔나비걸상

잔나비걸상속

Elfvingia applanata

- **발생 시기**: 여름~가을
- **생태**: 활엽수의 입목이나 쓰러진 나무에 발생, 다년생
- **생활형**: 목재부후균
- **분포**: 전세계
- **형태**: 갓은 반원형~말굽형, 너비 10~30cm, 두께 10~20cm(초대형은 너비 75cm, 두께 30~40cm, 무게 12kg이 되는 것도 있다.). 갓

표면은 회갈색 각피로 덮여 있다. 생장부는 백색, 환구(環溝)는 뚜렷하며, 생장 과정을 나타낸다. 갓 아랫면은 황백색~백색에서 갈색으로 변한다. 관공은 다층이며, 각 층의 두께는 1~2cm이다.

- **포자문**: 적갈색
- **식·독**: 약용

성숙한 버섯은 포자를 방출하여 주위 환경이 적갈색이 된다

갓 아랫면은 담자색. 생장부는 백색

옷솔버섯

옷솔버섯속

Trichaptum abietinum

- 발생 시기 : 여름~가을
- 생태 : 침엽수, 특히 소나무의 고목에 반배착성으로 중생
- 생활형 : 목재부후균
- 분포 : 북반구 온대 이북
- 형태 : 갓은 반원형~부차 형, 유연한 가죽질로 너비 1~2cm. 갓 표면은 백색~회백색~갈회색, 짧은 털과 불명료한 환문이 있다. 갓 아랫면은 담홍색~담자색, 관공상이며, 공구는 원형이다.
- 포자문 : 백색
- 식·독 : 약용

갓 표면에 광택과 환문이 있다

메꽃버섯부치

메꽃버섯속

Microporus vernicipes

- 발생 시기 : 여름~가을
- 생태 : 활엽수의 마른 가지에 군생
- 생활형 : 목재부후균
- 분포 : 한국, 일본, 중국
- 형태 : 갓은 반원형~콩팥형, 지름 2~6cm. 갓 표면은 담황백색~적갈색, 털이 없고 평활하며 광택이 있그, 동심원상 환문이 있다. 갓 아랫면은 담백색~황백색, 공구는 극히 미세하다. 대는 황토색, 측심생~편심생이며, 기부는 원형의 흡반상이다.
- 포자문 : 백색
- 식·독 : 약용

갓 아랫면은 방사상의 주름살 모양

삼색도장버섯

도장버섯속

Daedaleopsis tricolor

- 발생 시기 : 여름~가을
- 생태 : 활엽수의 고목, 마른 가지에 군생~중생
- 생활형 : 목재부후균
- 분포 : 전세계
- 형태 : 갓은 반원형~조개 껍데기형, 단단한 가죽질로 지름 2~8cm. 갓

표면은 흑갈색~자갈색의 환문과 방사상 주름이 있다. 갓 아랫면은 회갈색이며, 방사상의 주름살 모양 이다.

- 포자문 : 백색
- 식·독 : 불명

활엽수의 등걸에 중생 〈사진 / 이지헌〉

간버섯

간버섯속

Pycnoporus coccineus

갓은 반원형~부채형

- 발생 시기 : 봄~가을
- 생태 : 활엽수의 고목에 중생
- 생활형 : 목재부후균
- 분포 : 한국, 동남 아시아
- 형태 : 갓은 반원형~부채형, 너비 3~10cm. 갓 표면은 선명한 주홍색에서 홍등색으로 변하며, 평활하고, 불명료한 환문이 있다. 갓 아랫면은 적홍색, 공구는 극히 미세하다.
- 포자문 : 백색
- 식·독 : 약용

갓과 대 표면에는 니스상 광택이 있다

불로초(영지)　　　　　　불로초속

Ganoderma lucidum

- 발생 시기 : 여름~가을
- 생태 : 활엽수의 그루터기 또는 생목의 밑동에 단생 또는 군생
- 생활형 : 목재부후균
- 분포 : 북반구 온대 이북
- 형태 : 갓은 콩팥형~원형, 지름 5~15cm. 갓 표면은 적자갈색~갈황색, 니스상 광택이 나며, 동심원상의 환상 홈선이 있다. 생장부는 황색. 갓 아랫면은 황백색, 미세한 원형 관공구가 있다. 대는 흑갈색

생장부는 황색

~적갈색, 측심생~편심생으로 굴곡이 있고, 길이 5~15cm.
- 포자문 : 갈색
- 식·독 : 약용(대표적인 약용 버섯으로, 많은 약용 성분과 약리 작용이 알려졌으며, 제품화되어 건강 음료로 시판되고 있다.)

꽃양배추 모양으로 매우 아름답다

꽃송이버섯

꽃송이버섯속

Sparassis crispa

- 발생 시기 : 가을
- 생태 : 침엽수 생목의 밑동, 그루터기에 발생
- 생활형 : 목재부후균
- 분포 : 북반구 일대 및 오스트레일리아
- 형태 : 자실체는 꽃양배추형, 백색~담황색, 평활하며 높이 10~25cm.

대는 분지를 반복하며, 각 분지는 납작하고 파형으로 구부러져 꽃잎 모양이다. 자실층은 각 편(片)의 아랫면에 발달한다. 대는 1개의 덩이 모양이다.

- 포자문 : 백색
- 식·독 : 식용

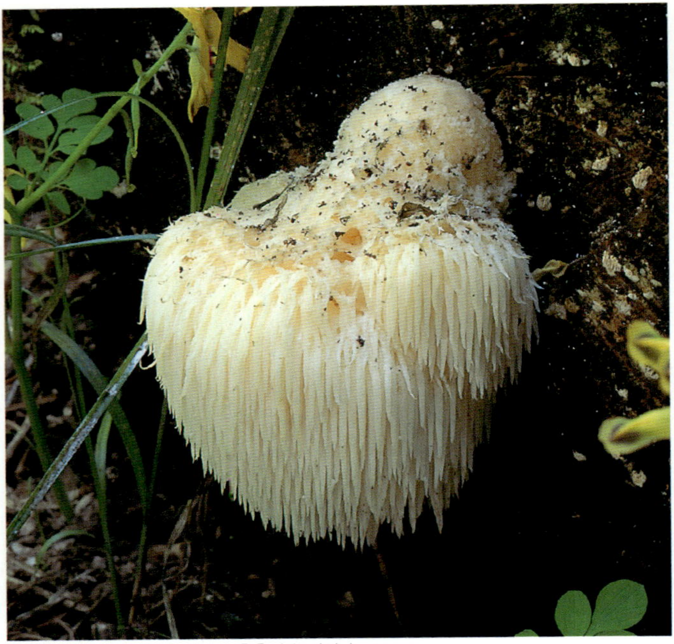

긴 바늘 모양의 수염이 밑으로 촘촘히 늘어졌다

노루궁뎅이

Hericium erinaceum

- 발생 시기 : 가을
- 생태 : 활엽수의 입목, 고목에 단생
- 생활형 : 목재부후균
- 분포 : 동아시아, 유럽, 북아메리카
- 형태 : 자실체는 반구형~유구형, 유연한 육질이며 지름 5~12cm. 처음에는 백색이나 후에 담황색이 된다. 윗면에 짧은 털이 밀생하며, 윗면을 제외한 전체 면에서 길이 1~5cm의 침상 수염이 늘어진다. 자실층은 침의 표면에 발달한다.
- 포자문 : 백색
- 식·독 : 식용, 약용

아교질로 유연하나 건조하면 연골질이 된다

아교버섯

아교버섯속

Merulius tremellosus

- 발생 시기 : 여름~가을
- 생태 : 침엽수, 활엽수의 썩은 나무에 반배착성으로 중생
- 생활형 : 목재부후균
- 분포 : 북반구
- 형태 : 갓은 반원형~선반형, 아교질, 너비 2~8cm. 갓 표면은 백색,

백석 섬유상의 부드러운 털이 밀생한다. 갓 아랫면은 담황색에서 차츰 담홍색으로 변한다. 불규칙한 얕은 주름 모양의 관공이 있다.

- 포자문 : 백색
- 식·독 : 약용

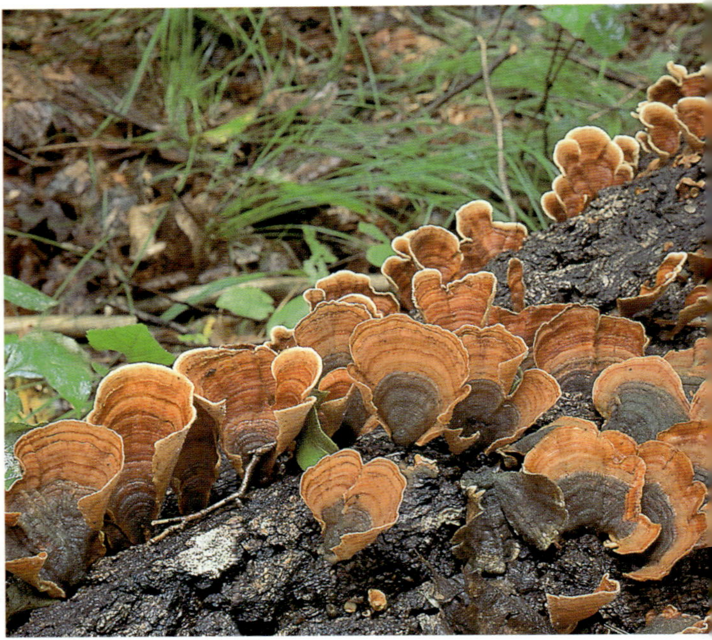

부채형. 활엽수의 등걸에 많이 중생

갈색꽃구름버섯

꽃구름버섯속

Stereum ostrea

- 발생 시기 : 여름~가을
- 생태 : 활엽수의 고목에 반배착성으로 중생
- 생활형 : 목재부후균
- 분포 : 전세계
- 형태 : 갓은 부채형, 지름 1~5cm. 갓 표면은 회백색과 적갈색~암갈색 환문이 있고, 짧은 털이 밀생한다. 갓 아랫면은 갈색~회황갈색, 평활하며, 관공상으로 공구는 미세하다.
- 포자문 : 백색
- 식·독 : 불명

생장부는 선황색. 산 나무에 병해를 일으킨다

기와층버섯

시루뻔버섯속

Inonotus xeranticus

- 발생 시기 : 여름~가을
- 생태 : 활엽수의 고목, 그루터기에 반배착성으로 군생 또는 중생
- 생활형 : 목재부후균
- 분포 : 동아시아, 중국
- 형태 : 갓은 반원형, 너비 3~10cm.

갓 표면은 갈황색~갈적색으로 짧은 털이 밀생하며, 생장부는 선황색이다. 갓 아랫면은 황색~황갈색, 관공상으로 공구는 미세하다.
- 포자문 : 백색
- 식·독 : 불명

자실층은 굵은 바늘 모양이며 밑으로 뻗어 있다

긴송곳버섯

송곳버섯속

Mycoacia copelandii

- **발생 시기** : 여름~가을
- **생태** : 활엽수의 고목에 배착생으로 발생
- **생활형** : 목재부후균
- **분포** : 동아시아, 필리핀
- **형태** : 자실체는 부정형, 유연한 가죽질, 자실층면은 백색에서 처음 담황색~담갈색으로 변하며, 침상이다. 침의 길이는 0.7~1.3cm. 가장자리는 기물에 밀착하면서 넓어지고 침이 없다.
- **포자문** : 백색
- **식·독** : 불명

주름버섯류

일반적으로 주름버섯류는 갓과 대기 있고, 갓 아랫면에 주름살 또는 관공이 있는 가장 버섯다운 형태를 가지고 있다. 종에 따라 턱받이 또는 대주머니가 있으며, 어떤 것은 탈락하여 그 흔적만 있다. 자실층은 주름살의 표면과 관공의 내면에 발달되어 있다. 공생균과 부생균이 많고 기생균은 아주 드물다. 시판되는 재배 버섯의 대부분은 주름버섯류이며 부생균이다. 식용 버섯이 많으나 유사한 독버섯도 많아 오인하기 쉽다

갓 표면은 자홍색

좀노란밤그물버섯 밤그물버섯속

Boletellus obscurecoccineus

- 발생 시기 : 여름~가을
- 생태 : 활엽수림, 침엽수림 내 땅 위
  에 단생 또는 군생
- 생활형 : 균근균
- 분포 : 전세계
- 형태 : 갓은 처음에는 평반구형이나
  차츰 편평형이 되며, 지름 3~7cm.
  갓 표면은 자홍색~적등색, 벨벳상
  이며, 관공은 황색, 공구는 다각형

갓 아랫면은 황색

이다. 대는 백색~담홍색, 섬유문이
있으며, 길이 3~7cm.
- 포자문 : 황록갈색
- 식·독 : 불명

자실체는 긴 대를 가지고 있어서 멋있어 보인다

키다리밤그물버섯 　　　　　　　　밤그물버섯속

Boletellus elatus

- 발생 시기 : 여름~가을
- 생태 : 혼합림 내 땅 위에 단생 또는 군생
- 생활형 : 균근균
- 분포 : 동아시아
- 형태 : 갓은 처음에는 반구형이나 차츰 편평형이 되며, 지름 3~8cm. 갓 표면은 황갈색~적갈색, 벨벳상이며, 관공은 황색에서 황록색으로 변한다. 공구는 다각형이고, 대는 농황갈색~농적갈색, 연한 털로 덮여 있으며, 길이 8~20cm.
- 포자문 : 황록갈색
- 식·독 : 불명

갓 표면은 평활하다

연지그물버섯

연지그물버섯속

Heimiella japonica

- 발생 시기 : 여름~가을
- 생태 : 활엽수림, 침엽수림 내 땅 위
  에 단생 또는 군생
- 생활형 : 균근균
- 분포 : 동아시아
- 형태 : 갓은 처음에는 반구형이나 차
  츰 평반구형이 되며, 지름 5~11cm.
  갓 표면은 자홍색, 평활하다. 관공
  은 황록색, 대는 자홍색, 망목상

조직은 황색

(網目狀)이며, 기부는 팽대하다. 길
이 6~12cm.
- 포자문 : 황록색
- 식·독 : 불명

갓 둘레에는 하얀 피막이 붙어 있다

솜귀신그물버섯 귀신그물버섯속

Strobilomyces strobilaceus

- 발생 시기 : 여름~가을
- 생태 : 혼합림 내 땅 위에 단생 또는 산생
- 생활형 : 균근균, 균륜 형성
- 분포 : 북반구 일대, 오스트레일리아, 아프리카
- 형태 : 갓은 처음에는 반구형이나 차츰 편평형이 되며, 지름 3~12cm. 갓 표면은 백색 바탕에 농자갈색의 섬유상 큰 비늘 조각으로 덮인다. 상처가 나면 흑색으로 변한다. 관공은 백색에서 흑색으로 변하며, 공두는 다각형이다. 대는 농황갈색, 자갈색 솜털 모양의 비늘 조각으로 덮인다. 길이 5~13cm.
- 포자문 : 흑색
- 식·독 : 식용

갓과 대는 황록색 분말로 덮여 있다. 관공은 상처가 나면 청색으로 변한다

노란분말그물버섯 분말그물버섯속

Pulveroboletus ravenelii

거미집 모양의 내피막

- **발생 시기**: 여름~가을
- **생태**: 활엽수림, 침엽수림 내 땅 위에 단생 또는 산생
- **생활형**: 균근균
- **분포**: 동아시아, 동남 아시아, 북아메리카
- **형태**: 갓은 처음에는 반구형이나 차츰 편평형이 되며, 지름 3~11cm. 갓 표면은 황록색의 분말로 덮인다. 관공은 황색에서 차츰 농갈색으로 되며, 상처가 나면 청색으로 변한다. 대는 황록색의 분말상이며, 길이 3~10cm. 턱받이는 황색, 유균일 때 갓 아랫면을 덮었던 거미집 모양의 피막이 불완전한 턱받이로 된다.
- **포자문**: 황록갈색
- **식·독**: 식용, 약용

조직은 담황색 〈사진 / 이지헌〉

흰둘레그물버섯

둘레그물버섯속

Gyroporus castaneus

- 발생 시기 : 여름~가을
- 생태 : 활엽수림, 침엽수림 내 땅 위에 단생 또는 속생
- 생활형 : 균근균
- 분포 : 전세계
- 형태 : 갓은 평반구형~편평형, 때로는 가장자리가 융기되며, 지름 3~10cm. 갓 표면은 농갈색~황갈색, 벨벳상이다. 관공은 백색~담황색이고, 대는 농갈색~황갈색, 길이 3~7cm.
- 포자문 : 황색
- 식·독 : 식용

관공은 녹황색, 상처가 나면 청색으로 변한다

마른산그물버섯

산그물버섯속

Xerocomus chrysenteron

- **발생 시기** : 여름~가을
- **생태** : 활엽수림 내 땅 위에 군생 또는 단생
- **생활형** : 균근균
- **분포** : 북반구 일대, 오스트레일리아, 아프리카
- **형태** : 갓은 처음에는 평반구형이나 차츰 편평형이 되며, 지름 3~10cm. 갓 표면은 황록갈색~담적갈색, 벨벳상이다. 관공은 황색~녹황색, 공구는 다각형이다. 대는 적갈색, 섬유상 세로줄이 있으며, 길이 4~7cm.
- **포자문** : 담황록색
- **식·독** : 식용, 약용

어린 버섯은 흑자색이나 차츰 연해진다.

가지색그물버섯

그물버섯속

Boletus violaceofuscus

어린 버섯

- **발생 시기** : 여름~가을
- **생태** : 참나무 숲, 참나무과 수종이 있는 침엽수림에 군생
- **생활형** : 균근균
- **분포** : 동아시아, 말레이시아
- **형태** : 갓은 처음에는 반구형이나 차츰 편평형이 되며, 지름 3~10cm. 갓 표면은 자색~자갈색, 오래 되면 황갈색 얼룩무늬가 생긴다. 관공은 백색에서 황갈색으로 변하며, 공구는 소형으로 원형이다. 대는 암자갈색 바탕에 흰색의 거미줄 같은 그물이 덮인다. 길이 7~9cm.
- **포자문** : 황록갈색
- **식·독** : 식용

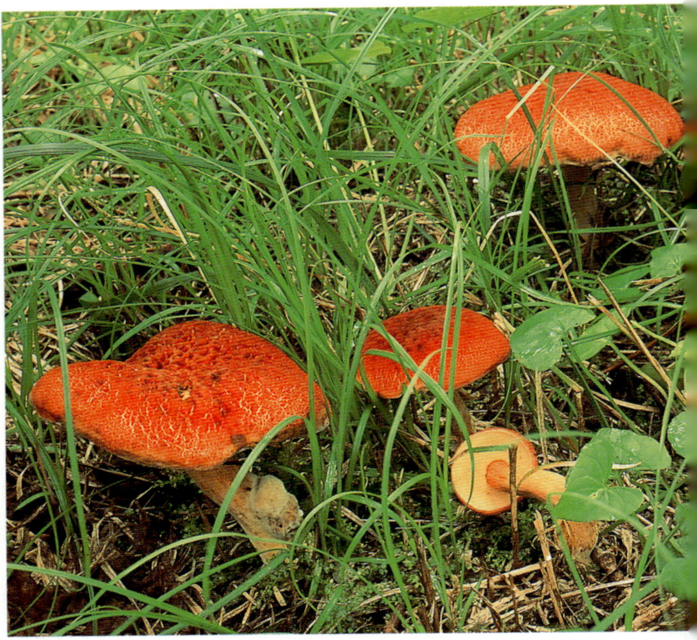

갓 표면은 벨벳상

붉은그물버섯

Boletus fraternus

- 발생 시기 : 여름~가을
- 생태 : 활엽수림 내 땅 위, 잔디밭이나 공원에 군생~단생
- 생활형 : 균근균
- 분포 : 동아시아, 유럽
- 형태 : 갓은 처음에는 반구형이나 차츰 편평형이 되며, 지름 3~7cm.

갓 표면은 적갈색~선홍색, 벨벳상이다. 관공은 황색, 접촉하면 청색으로 변하며, 끝붙은형이다. 대는 황색, 적색의 섬유상 세로줄이 있으며, 길이 3~6cm.
- 포자문 : 황갈색
- 식·독 : 식용

푸른 초원에 난 선홍색 버섯 무리는 꽃밭을 연상시킨다-

자실체는 상처가 나도 청색으로 변하지 않는다

수원그물버섯

그물버섯속

Boletus auripes

- 발생 시기 : 여름~가을
- 생태 : 활엽수림 내 땅 위에 군생
- 생활형 : 균근균
- 분포 : 동아시아, 북아메리카
- 형태 : 갓은 처음에는 반구형이나 차츰 평반구형이 되며, 지름 4~10cm. 갓 표면은 황갈색~등갈색, 평활하다. 관공은 황색, 공구는 소형, 유균일 때 황백색 균사로 막혀 있다. 상처가 나도 청색으로 변하지 않는다. 대는 갓과 같은 색, 상반부는 망목상이며, 길이 6~10cm.
- 포자문 : 등황갈색
- 식·독 : 식용

갓이 많이 갈라져 황색의 조직이 보인다

접시껄껄이그물버섯

껄껄이그물버섯속

Leccinum extremiorientale

- 발생 시기 : 여름~가을
- 생태 : 활엽수림, 잡목림 내 땅 위에 단생
- 생활형 : 균근균
- 분포 : 동아시아, 극동 지방
- 형태 : 갓은 처음에는 반구형이나 차츰 편평형이 되며, 지름 7~25cm. 갓 표면은 황갈색~적갈색, 성숙하면 표피가 갈라져 황색 조직이 노출된다. 관공은 황색, 끝붙은형 ~떨어진형이다. 대는 황색, 적황색 비늘 조각으로 덮인다. 길이 6~15cm.
- 포자문 : 황록갈색
- 식·독 식용, 약용

갓 표면은 호두 껍데기 모양. 대는 기부 쪽으로 굵다

홀트껄껄이그물버섯

껄껄이그물버섯속

Leccinum hortonii

- 발생 시기 : 여름~겨울
- 생태 : 참나무과 수종이 많은 활엽수림, 혼합림에 군생 또는 단생
- 생활형 : 균근균
- 분포 : 동아시아, 북아메리카
- 형태 : 갓은 처음에는 반구형이나 차츰 편평형이 되며, 지름 5~11cm. 갓 표면은 담적갈색~갈적색, 호두 껍데기 모양이다. 관공은 황색에서 녹황색으로 변하며, 끝붙은형이다. 대는 담황색~백황색, 미세 비늘 조각으로 덮이며, 기부 쪽이 굵다. 길이 5~10cm.
- 포자문 : 녹황갈색
- 식·독 : 불명

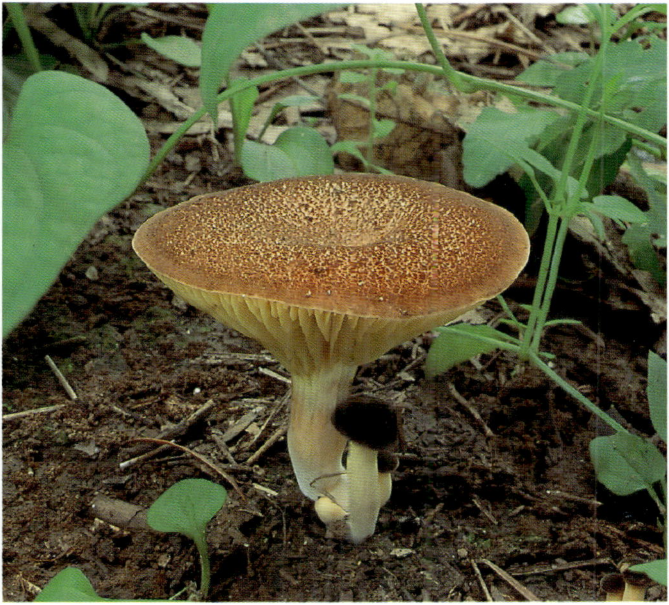

갓 아랫면은 황색의 주름살

노란길민그물버섯

민그물버섯속

Phylloporus bellus

- 발생 시기 : 여름~가을
- 생태 : 참나무과 수종이 있는 활엽수림, 혼합림에 발생
- 생활형 : 균근균
- 분포 : 동아시아, 유럽, 북아메리카
- 형태 : 갓은 처음에는 평반구형이나 차츰 역원추형이 되며, 지름 2~6cm. 갓 표면은 황갈색~회갈색, 약간 벨벳상이다. 주름살은 황색, 길게 내린형이다. 대는 황갈색, 분말상~작은 비늘 조각 모양으로 길이 3~7cm.
- 포자문 : 황갈색
- 식·독 : 식용이 가능하나 체질에 따라 중독될 수 있다.

관공구는 비교적 크고 방사상으로 배열되어 있다

황금그물버섯

황금그물버섯속

Boletinus cavipes

- 발생 시기 : 가을
- 생태 : 침엽수림, 특히 낙엽송림 내 땅 위에 군생
- 생활형 : 균근균
- 분포 : 북반구 온대
- 형태 : 갓은 처음에는 평반구형이나 차츰 편평형이 되며, 지름 3~8cm. 갓 표면은 황갈색~담적갈색, 섬유상 비늘 조각이 있다. 관공은 황색, 공구는 방사상으로 배열된다. 대의 상부는 황색, 하부는 갈색 비늘 조각으로 덮여 있으며, 속이 비어 있고, 길이 5~8cm. 턱받이는 백색이다.
- 포자문 : 갈색
- 식·독 : 식용, 약용

턱받이가 있고, 조직은 적색으로 변하는 성질이 있다

붉은비단그물버섯

비단그물버섯속

Suillus pictus

- 발생 시기 : 여름~가을
- 생태 : 침엽수림, 특히 오엽송림에 군생
- 생활형 : 균근균
- 분포 : 동아시아, 동남 아시아, 유럽, 북아메리카
- 형태 : 갓은 처음에는 평반구형이나 차츰 편평형이 되며, 지름 5~10cm. 갓 표면은 황갈색, 적갈색 섬유상 비늘 조각이 밀생한다. 관공은 황색~황갈색, 공구는 방사상으로 배열된다. 대는 황색, 길이 4~8cm로 턱받이 아래는 적갈색 섬유상 비늘 조각으로 얼룩진다. 턱받이는 소실성이다.
- 포자 문 : 황록갈색
- 식·독 : 식용

소나무 숲 속 땅 위에 군생

황소비단그물버섯

비단그물버섯속

Suillus bovinus

- 발생 시기 : 여름~가을
- 생태 : 송림 내 땅 위에 군생
- 생활형 : 균근균
- 분포 : 동아시아, 유럽, 북아메리카
- 형태 : 갓은 평반구형이며, 지름 3~11cm. 갓 표면은 황갈색~황토색, 강한 점성이 있다. 관공은 황록갈색, 공구는 방사상으로 배열된다. 대는 황갈색, 길이 3~6cm.
- 포자문 : 황록갈색
- 식·독 : 식용, 약용

턱받이가 있고, 전체가 점액질로 덮여 있다

큰비단그물버섯 비단그물버섯속

Suillus grevillei

- 발생 시기 : 여름~가을
- 생태 : 낙엽송림의 땅 위에 군생
- 생활형 : 균근균, 균륜 형성
- 분포 : 북반구 온대 이북, 오스트레일리아
- 형태 : 갓은 처음에는 반구형이나 차츰 편평형이 되며, 지름 3~10cm. 갓 표면은 갈등색~적황갈색, 점액질로 덮인다. 관공은 황색에서 갈색으로 변하며, 완전붙은형이다.

대는 적갈색

대는 조 갈색, 상부는 망목상(網目狀), 하부는 섬유상으로 점성이 있다. 길이 5~7cm.
- 턱받이 : 담황색, 섬유상 막질
- 포자문 : 황토색
- 식·독 : 식용, 약용

갓 표면은 습하면 강한 점성이 생긴다

젖비단그물버섯

비단그물버섯속

Suillus granulatus

- 발생 시기 : 여름~가을
- 생태 : 소나무, 잣나무 숲 내 땅 위에 군생
- 생활형 : 균근균
- 분포 : 북반구 온대 이북, 오스트레일리아
- 형태 : 갓은 처음에는 평반구형이나 차츰 편평형이 되며, 지름 4~10cm.

갓 표면은 황갈색~황토갈색, 습하면 강한 점성이 생긴다. 관공은 황색, 공구는 소형이다. 대는 황색 바탕에 갈색 반점이 빽빽하게 퍼져 있고, 길이 5~6cm.
- 포자문 : 황갈색
- 식·독 : 식용(주의를 요함), 약용

관공은 백색에서 차츰 담홍색으로 변한다

제주쓴맛그물버섯

쓴맛그둘버섯속

Tylopilus neofelleus

어린 버섯

- 발생 시기 : 여름~가을
- 생태 : 활엽수림, 침엽수림 내 땅 위에 발생
- 생활형 : 균근균
- 분포 : 동아시아, 뉴기니
- 형태 : 갓은 처음에는 평반구형이나 차츰 편평형이 되며, 지름 6~11cm. 갓 표면은 황갈색~농홍갈색, 벨벳상이다. 관공은 백색에서 담홍색으로 변하며, 공구는 소형이다. 대는 황갈산~농홍갈색, 길이 6~10cm.
- 포자문 : 담홍색
- 식·독 : 불명

갓과 대가 분말상. 관공은 분홍색

녹색쓴맛그물버섯

쓴맛그물버섯속

Tylopilus virens

- 발생 시기 : 여름~가을
- 생태 : 혼합림, 특히 졸참나무나 적송림 내 땅 위에 단생 또는 군생
- 생활형 : 균근균
- 분포 : 동아시아
- 형태 : 갓은 처음에는 반구형이나 차츰 편평형이 되며, 지름 3~6.5cm. 갓 표면은 황록색, 짧은 털이 있다. 관공은 담홍색, 공구는 소형이다. 대는 담황색~황록색, 중하부 쪽은 홍색을 띠며, 분말상~섬유상이다. 길이 8~9cm.
- 포자문 : 담황색
- 식·독 : 불명

갓 꼭대기는 연필심 모양

노란꼭지외대버섯   외대버섯속

Rhodophyllus murraii
Entoloma murraii

- 발생 시기 : 여름~가을
- 생태 : 잡목림, 혼합림 내 땅 위에 군생 또는 산생
- 생활형 : 균근균
- 분포 : 동아시아, 북아메리카
- 형태 : 갓은 원추형~원추상 종형, 중심부에 연필심 모양 돌기가 있으며, 지름 1~4cm. 갓 표면은 황색, 습할 때 둘레에 방사상 줄이 생긴다. 주름살은 담황색에서 담황홍색

주름살은 담황홍색

으로 변하며, 끝붙은형으로 약간 성기다. 대는 황색, 섬유상, 속은 비어 있다. 길이 3~8cm.
- 포자문 : 담황홍색
- 식·독 : 독버섯

주름살은 처음에는 백색이나 담홍색으로 변한다

흰꼭지외대버섯

Rhodophyllus murraii f. *albus*
Entoloma album

- 발생 시기 : 여름~가을
- 생태 : 숲 속의 땅 위에 군생 또는 단생
- 생활형 : 균근균
- 분포 : 북반구 온대, 북아메리카, 뉴기니
- 형태 : 갓은 원추형~원추상 종형, 중앙에 작은 돌기가 있으며, 지름 1~4cm. 갓 표면은 백황색~황백색이다. 주름살은 백색에서 담홍색으로 변하고 끝붙은형이며, 성기다. 대는 백황색~황백색, 섬유상이며, 길이 4~8cm.
- 포자문 : 담황홍색
- 식·독 : 독버섯

갓 표면은 습하면 방사상 줄이 생긴다

붉은꼭지외대버섯 외대버섯속

Rhodophyllus quadratus

- 발생 시기 : 여름~가을
- 생태 : 산림 내 땅 위에 발생
- 생활형 : 균근균
- 분포 : 동아시아, 북아메리카, 뉴기니, 마다가스카르
- 형태 : 갓은 원추형~원추상 종형, 중심에 소유두상 돌기가 있으며, 지름 1~4cm. 갓 표면은 주홍색~등적색, 습할 때 방사상 줄이 생긴다. 주름살은 갓과 같은 색, 끝붉은형이며, 약간 성기다. 대는 갓과 같은 색, 속이 비어 있고, 길이 5~9cm.
- 포자문 : 담황홍색
- 식·독 : 독버섯

갓은 건조하면 비단과 같은 광택이 있다

삿갓외대버섯

Rhodophyllus rhodopolius
Entoloma rhodopolium

- 발생 시기 : 여름~가을
- 생태 : 활엽수림 내 땅 위에 군생
- 생활형 : 균근균
- 분포 : 동아시아, 유럽
- 형태 : 갓은 처음에는 종형이나 차츰 볼록 편평형이 되며, 지름 3~8cm. 갓 표면은 회색, 평활하며, 건조할 때 비단과 같은 광택이 있다. 주름살은 백색에서 담황홍색으로 변하며, 홈형~완전붙은형이다. 대는 백색, 속은 비어 있고, 길이 5~10cm.
- 포자문 : 담황홍색
- 식·독 : 독버섯(중독되면 심한 구토, 복통, 설사 등 위장 장애가 일어난다.)

주름살은 담황홍색, 약간 빽빽하다

외대덧버섯

외대버섯속

Rhodophyllus crassipes
Entoloma crassipes

- 발생 시기 : 봄~가을
- 생태 : 참나무과를 주종으로 하는 활엽수림 내 땅 위에 군생 또는 단생
- 생활형 : 균근균
- 분포 : 동아시아
- 형태 : 갓은 처음에는 종형이나 차츰 볼록 편평형이 되며, 지름 6~15cm. 갓 표면은 담갈회색~회갈색으로 평활하며, 회백색 비단과 같은 섬유로 얇게 덮인다. 주름살은 백색에서 담황홍색으로 변하며, 홈홈~끝붙은형이고, 약간 빽빽하다. 대는 흰색, 평활하며, 길이 10~18cm.
- 포자 · 문 : 담황홍색
- 식 · 독 : 식용, 약용

주름살은 백색에서 성숙하면 담회홍색이 된다

그늘버섯

그늘버섯속

Clitopilus prunulus

- 발생 시기 : 여름~가을
- 생태 : 잡목림 내 땅 위에 발생
- 생활형 : 부생균
- 분포 : 북반구 일대
- 형태 : 갓은 반구형에서 편평형을 거쳐 깔때기형이 되며, 지름 3~8cm. 갓 표면은 백색~백회색, 분말상이며, 습하면 점성이 생긴다. 주름살은 백색에서 담회홍색으로 변하며, 길게 내린형이다. 대는 백색~백회색, 길이 2~5cm.
- 포자문 : 담황홍색
- 식·독 : 식용(유럽)

주름살은 담황홍색 〈사진 / 이지헌〉

노란난버섯

난버섯속

Pluteus leoninus

어린 버섯

- **발생 시기**:봄~초겨울
- **생태**:활엽수의 고목이나 썩은 나무에 군생 또는 속생
- **생활형**:목재부후균
- **분포**:북반구 일대
- **형태**:갓은 처음에는 종형이나 차츰 볼록 편평형이 되며, 지름 2~6cm. 갓 표면은 선황색, 평활하며, 습하면 갓 가장자리에 방사상 줄을 나타낸다. 주름살은 백색에서 담황홍색으로 변하며, 떨어진형이고, 빽빽하다. 대는 황백색, 섬유상이며, 길이 3~7cm.
- **포자문**:황홍색
- **식·독**:식용

갓 표면에는 섬유상 무늬가 있다

난버섯

난버섯속

Pluteus atricapillus

주름살은 담황홍색

- 발생 시기: 봄~가을
- 생태: 활엽수의 고목, 썩은 나무, 그루터기에 단생 또는 산생
- 생활형: 목재부후균
- 분포: 전세계
- 형태: 갓은 처음에는 종형~평반구형이나 차츰 편평형이 되고, 지름 5~8cm. 갓 표면은 회갈색, 방사상의 섬유문이 있다. 주름살은 백색에서 담황홍색으로 변하며, 떨어진형으로 빽빽하다. 대는 백색, 갓과 같은 색의 섬유문이 있으며, 길이 6~10cm.
- 포자문: 담황홍색
- 식·독: 식용

갓 표면에 짧고 거친 털이 있다

노랑털느타리

털느타리속

Phyllotopsis nidulans

- 발생 시기 : 여름~가을
- 생태 : 활엽수의 고목, 쓰러진 나무
  에 중생
- 생활형 : 목재부후균
- 분포 : 북반구 온대 이북
- 형태 : 갓은 반원형, 부채형, 콩팥형
  이다. 보통 갓 끝부분은 안쪽으로
  말리며, 갓의 옆면 또는 뒷면의 일
  부가 기물에 부착된다. 지름 1~

주름살은 내린형

6cm. 갓 표면은 황등색~황색, 짧고
거친 털기 밀생한다. 주름살은 황등
색, 내린형으로 약간 빽빽하다.
- 포자문 : 분홍색
- 식·독 : 불명

대는 한쪽으로 기울어져 있다

느타리 느타리속

Pleurotus ostreatus

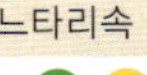

- **발생 시기**: 늦가을~봄
- **생태**: 활엽수의 고목, 쓰러진 나무, 그루터기에 중생
- **생활형**: 목재부후균
- **분포**: 전세계
- **형태**: 갓은 조개 껍데기형~반원형, 지름 5~15cm. 갓 표면은 암회색에서 회백색으로 변하며, 평활하고 습기가 있다. 주름살은 백색~회색, 내린형으로 약간 빽빽하다. 대는 백색, 짧고 축심형~편심형이다.
- **포자문**: 담홍색~자회색
- **식·독**: 식용, 약용

주름살은 백색~회색

자실체를 장기간 식용하면 고혈압의 예방과 치로에 도움이 된다

표고

잣버섯속

Lentinus edodes
Lentinula edodes

- 발생 시기 : 봄, 가을
- 생태 : 활엽수, 특히 참나무과의 쓰러진 나무, 고목에 단생 또는 군생
- 생활형 : 목재부후균
- 분포 : 동아시아, 동남 아시아, 뉴질랜드
- 형태 : 갓은 처음에는 반구형으로 가장자리가 안쪽으로 말려 있으나 차츰 편평형이 되며, 지름 5~10cm. 갓 표면은 담갈색~회갈색~흑갈색, 처음에는 갓 가장자리에 백색~담갈색의 면모상 비늘 조각이 있으나 소실된다. 주름살은 백색, 홈형으로 빽빽하다. 대의 상부는 백색, 하부는 담갈색이며, 섬유상이다. 길이 3~8cm.
- 포자문 : 백색
- 식·독 : 식용, 약용(예부터 애용된 대표적인 식용 버섯일 뿐만 아니라 약용 가치도 높다.)

갓 표면에는 황갈색 비늘 조각이 있다

잣버섯

Lentinus lepideus

- 발생 시기 : 이른 여름~가을
- 생태 : 침엽수의 쓰러진 나무, 그루터기, 생목에 단생 또는 속생
- 생활형 : 목재부후균
- 분포 : 전세계
- 형태 : 갓은 처음에는 평반구형이나 차츰 편평형이 되며, 질긴 육질이고, 지름 5~15cm(큰 것은 25cm). 갓 표면은 백색~담황색, 황갈색의 비늘 조각이 있다. 주름살은 백색, 홈형이며, 날은 톱니형이다. 대는 백색~담황색, 갈색의 거스러미상 비늘 조각이 있다. 길이 2~8cm.
- 포자문 : 백색
- 식·독 : 식용(사람에 따라 구토 등 가벼운 중독 증상을 일으킨다.), 약용

갓은 역원추 모양, 턱받이는 면모상

못버섯 못버섯속

Chroogomphus rutilus

- 발생 시기 : 여름~가을
- 생태 : 소나무 숲 속 땅 위에 단생 또는 군생
- 생활형 : 균근균
- 분포 : 북반구 온대 이북
- 형태 : 갓은 처음에는 원추형이나 차츰 볼록 편평형이 되며, 중앙부는 원추형으로 돌출하고, 지름 2~6cm. 갓 표면은 황갈색~담적갈색, 습할 때 점성이 있으며, 평활하다. 주름살은 황토갈색에서 흑갈색으로 변하며, 내린형으로 성기다. 대는 담적갈색, 길이 3~8cm. 턱받이는 면모상 턱받이가 있으나 곧 소실된다.
- 포자문 : 암회색~흑색
- 식·독 : 식용, 약용

불완전한 흰 턱받이에 흑갈색 포자가 묻어 있다

큰마개버섯

마개버섯속

Gomphidius roseus

- 발생 시기 : 여름~가을
- 생태 : 침엽수림, 주로 송림 내의 땅 위에 단생
- 생활형 : 균근균
- 분포 : 북반구, 오스트레일리아
- 형태 : 갓은 처음에는 반구형이나 차츰 역원추형이 되며, 지름 3~6cm. 갓 표면은 담홍색, 점성이 강하며, 오래 되면 검은 반점이 생긴다. 주름살은 백회색에서 흑록색으로 변하며, 내린형으로 약간 성기다. 대의 상부는 흰색, 하부는 담홍갈색으로 길이 3~6cm. 턱받이는 백색이며, 면모상으로 불완전하다.
- 포자문 : 흑갈색~갈흑색
- 식·독 : 식용

갓 둘레는 톱니 모양이고 흰 내피막 일부가 붙어 있다

좀말똥버섯(개칭)　　　　　　　　　　　말똥버섯속

Panaeolus sphinctrinus

- 발생 시기 : 봄~가을
- 생태 : 소, 말의 똥이나 두엄, 비옥한 땅에 속생
- 생활형 : 부생균
- 분포 : 북반구
- 형태 : 갓은 처음에는 종형이나 반구형이 되며, 지름 1~3cm. 갓 표면은 회색~회갈색, 중앙부는 갈색, 갓 둘레는 톱니 모양이다. 주름살은 회색에서 흑색으로 변하며, 떨어진형으로 다소 빽빽하다. 대는 회색~적갈색, 속은 비어 있고, 길이 5~12cm.
- 포자문 : 흑색
- 식·독 : 독버섯, 약용

갓은 처음에는 난형 〈사·진 / 이지헌〉

고깔먹물버섯

먹물버섯속

Coprinus disseminatus

- 발생 시기 : 봄~가을
- 생태 : 고목, 썩은 나무에 많이 군생
- 생활형 : 부생균
- 분포 : 전세계
- 형태 : 갓은 처음에는 난형이나 차츰 종형이 되며, 지름 0.5~1.5cm. 갓 표면은 백회색에서 담회갈색으로 변하며, 선명한 방사상 홈선이 있다. 주름살은 백색에서 차츰 갈흑색(비액화)이 되며, 끝붙은형으로 성기다. 대는 백색, 가늘고 반투명하다. 길이 1.5~3.5cm.
- 포자문 : 흑색
- 식·독 : 식용(식용 가치는 없다.)

어린 버섯은 난형이나 차츰 종형이 된다

갓 둘레에는 방사상의 홈선이 있다

갈색먹물버섯

먹물버섯속

Coprinus micaceus

- 발생 시기 : 여름~가을
- 생태 : 활엽수의 쓰러진 나무, 그루
터기에 속생 또는 군생
- 생활형 : 부생균
- 분포 : 전세계
- 형태 : 갓은 처음에는 난형이나 차츰
종형이 되며, 지름 1~3cm. 갓 표
면은 담황갈색, 둘레에 방사상의
홈선이 있다. 주름살은 백색에서

그루터기에 속생

흑갈색으로 변하고, 서서히 액화되
며, 끝붙은형으로 빽빽하다. 대는 백
색, 속은 비어 있고, 길이 3~8cm.
- 포자문 : 흑갈색
- 식·독 : 식용(유균)

기부에는 등황색 균사속이 덮여 있다

노랑먹물버섯

먹물버섯속

Coprinus radians

- **발생 시기** : 여름~가을
- **생태** : 활엽수의 썩은 나무에 속생 또는 군생
- **생활형** : 부생균
- **분포** : 동아시아, 유럽, 북아메리카
- **형태** : 갓은 처음에는 난형이나 차츰 원추형~종형이 되며, 지름 2~3cm. 갓 표면은 황갈색, 갈색의 작은 비늘 조각이 있으며, 방사상의 홈선이 있다. 주름살은 백색에서 갈색을 거쳐 흑색(액화)으로 변하며, 끝붙은형으로 약간 빽빽하다. 대는 백색으로 기부에 등황색의 균사 덩이가 있다.
- **포자문** : 흑색
- **식·독** : 식용(유균)

두엄이 많은 정원에 흔히 발생

두엄먹물버섯

먹물버섯속

Coprinus atramentarius

- 발생 시기 : 봄~가을
- 생태 : 정원, 화전지, 목장, 공원에 속생 또는 군생
- 생활형 : 부생균
- 분포 : 전세계
- 형태 : 갓은 처음에는 난형이나 차츰 종형~원추형이 되며, 지름 3~7cm. 갓 표면은 회갈색, 중앙부에 작은 비늘 조각이 있고, 둘레에 방사상 줄과 주름이 있다. 주름살은 백색에서 흑색으로 변하며, 끝붙은형으로 빽빽하다. 갓 가장자리부터 액화하여 대만 남는다. 대는 백색, 속은 비어 있고, 길이 5~15cm. 대의 아래쪽에 불완전한 턱받이가 있다.
- 포자문 : 흑색
- 식·독 : 식용(술과 함께 먹으면 중독되며, 일시적 안면 홍조, 두통, 현훈, 구토, 호흡 곤란 등을 일으킨다.), 약용

갓은 긴 난형에서 종형으로 된다

성숙하면 갓 둘레부터 먹물화된다

먹물버섯

먹물버섯속

Coprinus comatus

- 발생 시기 : 봄~가을
- 생태 : 정원, 목장, 잔디밭, 비옥한 토지에 속생
- 생활형 : 부생균
- 분포 : 전세계
- 형태 : 갓은 처음에는 긴 난형이나 차츰 종형이 되며, 지름 2~5cm, 높이 5~10cm. 갓 표면은 백색 바탕에 담갈색 거스러미 모양의 비늘 조각으로 덮여 있다. 주름살은 백색에서 흑색으로 변하여 가장자리

어린 버섯

부터 액화하며, 끝붙은형으로 빽빽하다. 대는 백색, 속은 비어 있고, 기부는 불룩하다. 길이 10~20cm. 턱받이는 백색이며, 상하로 움직이기 쉽다.
- 포자문 : 흑색
- 식·독 : 식용(유균), 약용

갓 표면은 섬유상 비늘 조각으로 덮여 있다

큰눈물버섯   눈물버섯속

Psathyrella velutina

- 발생 시기 : 여름~가을
- 생태 : 숲 속, 풀밭, 길가에 군생
- 생활형 : 부생균
- 분포 : 북반구
- 형태 : 갓은 처음에는 반구형이나 차츰 볼록 평반구형이 되며, 지름 2~8cm. 갓 표면은 갈색~황갈색, 섬유상 비늘 조각으로 덮여 있다. 주름살은 농자갈색, 끝붙은형으로 빽빽하다. 대는 갈색~황갈색, 섬

풀밭에 군생

유상 비늘 조각으로 덮여 있으며, 길이 6~10cm. 백색 턱받이가 있으나 쉽게 탈락된다.
- 포자문 : 자갈색
- 식·독 : 식용

갓 둘레에는 흰 내피막 조각이 붙어 있다

족제비눈물버섯

눈물버섯속

Psathyrella candolleana

- 발생 시기 : 여름~가을
- 생태 : 활엽수의 마른 줄기, 그루터기에 군생
- 생활형 : 목재부후균
- 분포 : 전세계
- 형태 : 갓은 처음에는 반구형이나 차츰 편평형이 되며, 지름 2~7cm. 갓 표면은 담황갈색, 갓 끝에는 백색 내피막의 잔유물 조각이 붙어 있다. 주름살은 백색에서 자갈색으로 변하며, 끝붙은형으로 빽빽하다. 대는 백색, 비단상 비늘 조각이 있으며, 길이 2~5cm.
- 포자문 : 자갈색
- 식·독 : 식용

대에는 이중의 막질 턱받이가 있다

독청버섯아재비

독청버섯속

Stropharia rugosoannulata

- 발생 시기 : 봄~가을
- 생태 : 길가, 풀밭, 목장의 땅 위, 소와 말의 똥에 단생 또는 군생
- 생활형 : 부생균
- 분포 : 북반구 일대
- 형태 : 갓은 처음에는 반구형이나 차츰 편평형이 되며, 지름 4~14cm. 갓 표면은 적갈색에서 황갈색으로 변하며, 섬유상 비늘 조각으로 덮인다. 즈름살은 백색에서 담자색을 거쳐 자흑색으로 변하며, 완전붙은형으로 빽빽하다. 대의 턱받이 상부는 백색, 하부는 담황색으로 길이 6~15cm. 턱받이는 이중의 막질이다.
- 포자문 : 자갈색
- 식·독 : 식용

성숙한 버섯의 주름살은 녹갈색

노란다발　　　　　　개암버섯속

Naematoloma fasciculare

- **발생 시기**: 봄~가을
- **생태**: 활엽수, 침엽수의 그루터기, 죽은 대나무에 다수 속생
- **생활형**: 부생균
- **분포**: 전세계
- **형태**: 갓은 처음에는 반구형이나 차츰 편평형이 되며, 지름 2~4cm. 갓 표면은 황색, 갓 중앙부는 갈색, 갓 끝에는 내피막의 흔적이 있다. 주름살은 황색에서 녹황색을 거쳐 녹갈색이 되며, 완전붙은형으로 빽빽하다. 대의 상부는 황색~

나무에 속생

황록색, 하부는 등갈색으로 길이 5~12cm.
- **포자문**: 자갈색
- **식·독**: 독버섯(중독되면 심한 구토, 경련, 설사, 일시적 의식 불명 등의 장애를 일으키므로 허약한 사람은 사망할 수 있다.), 약용

갓 둘레 부근에 흰 피막 조각이 있다

개암버섯

개암버섯속

Naematoloma sublateritium

- 발생 시기 : 가을
- 생태 : 활엽수의 그루터기, 쓰러진 나무에 다수 속생
- 생활형 : 목재부후균
- 분포 : 전세계
- 형태 : 갓은 처음에는 반구형이나 차츰 편평형이 되며, 지름 3~9cm. 갓 표면은 적갈색, 가장자리는 담색, 초기에는 백색 섬유상 피막이 있으나 없어진다. 주름살은 황백색에서 황갈색을 거쳐 자갈색으로 되며, 완전붙은형으로 빽빽하다. 대의 상부는 황백색, 하부는 적갈색의 섬유문으로 길이 5~10cm. 턱받이는 막질이다.
- 포자문 : 자갈색
- 식·독 : 식용, 약용

성숙한 버섯

검은비늘버섯

비늘버섯속

Pholiota adiposa

- 발생 시기 : 봄~가을
- 생태 : 활엽수의 고목, 그루터기에 군생
- 생활형 : 목재부후균
- 분포 : 북반구 일대
- 형태 : 갓은 처음에는 반구형이나 차츰 편평형이 되며, 지름 3~6cm. 갓 표면은 황색, 중앙부는 황갈색으로 점성이 있으며, 삼각형의 갈색 비늘 조각이 산재해 있다. 주름살은 황백색에서 갈색으로 변하며, 완전붙은형으로 약간 빽빽하다. 대의 턱받이 아래는 적갈색 비늘 조각으로 덮여 있고 점성이 있다. 길이 4~15cm. 담황색 턱받이가 있으나 곧 소실된다.
- 포자문 : 적갈색
- 식·독 : 식용, 약용

어린 버섯은 표면 전체가 흰 비늘 조각으로 덮여 있다

풀밭에 군생. 갓 표면은 섬유상 비늘 조각으로 덮여 있다

땅비늘버섯

비늘버섯속

Pholiota terrestris

- **발생 시기**: 봄~가을
- **생태**: 산림, 풀밭 등의 땅 위에 군생
- **생활형**: 부생균
- **분포**: 동아시아, 동남 아시아, 북아메리카
- **형태**: 갓은 처음에는 평반구형이나 차츰 편평형이 되며, 지름 2~8cm. 갓 표면은 담황갈색~담갈색이고, 갈색의 섬유상 비늘 조각으로 덮여 있다. 주름살은 담황색에서 갈색으로 변하며, 완전붙은형으로 빽빽하다. 대는 담황갈색, 갈색 비늘 조각으로 덮여 있으며, 길이 3~8cm.
- **포자문**: 적갈색
- **식·독**: 독버섯

버섯 전체가 황금색. 대는 섬유상 〈사진 / 이지헌〉

진노랑비늘버섯

비늘버섯속

Pholiota alnicola

- 발생 시기 : 여름~가을
- 생태 : 활엽수의 고목에 속생
- 생활형 : 목재부후균
- 분포 : 한국, 북아메리카, 유럽
- 형태 : 갓은 처음에는 반구형이나 차츰 편평형이 되며, 지름 3~10cm. 갓 표면은 황금색~농황색. 주름살은 황색에서 차츰 황갈색이 되며, 완전붙은형으로 빽빽하다. 대는 황색~황갈색, 섬유상으로 길이 4~9cm.
- 포자둔 : 갈적색
- 식·독 불명

대형으로 고목에 발생

금빛비늘버섯

비늘버섯속

Pholiota aurivella

어린 버섯

- 발생 시기 : 여름~가을
- 생태 : 활엽수의 고목 줄기에 속생
- 생활형 : 목재부후균
- 분포 : 동아시아
- 형태 : 갓은 처음에는 탄구형이나 차츰 편평형이 되며, 지름 5~11cm. 갓 표면은 황색, 습하면 점성이 생기고, 마르면 광택이 나며, 적황갈색의 큰 삼각형 비늘 조각이 산재해 있다. 주름살은 황색, 완전붙은형으로 빽빽하다. 대의 상부는 황색, 하부는 적갈색이고, 작은 비늘 조각이 붙어 있으나 뒤에 떨어진다. 길이 5~15cm. 턱받이는 적갈색, 섬유상이다.
- 포자문 : 적황갈색
- 식·독 : 식용

갓 표면에는 방사상 줄이 선명하다

노란소똥버섯 소똥버섯속

Bolbitius vitellinus

- 발생 시기: 봄~여름
- 생태: 소와 말의 똥이나 두엄 위에 발생
- 생활형: 부생균
- 분포: 북반구 온대
- 형태: 갓은 처음에는 난형이나 차츰 종형이 되며, 지름 2~4.5cm. 갓 표면은 등황색, 점성이 있고, 광택이 나며, 가장자리에 방사상 줄무늬가 있다. 주름살은 백황색에서 적갈색으로 변하며, 끝붙은형으로 약간 빽빽하다. 대는 백색~백황색, 분말상으로 길이 3~6cm.
- 포자문: 농적갈색
- 스·독: 불명

가냘픈 버섯으로, 햇빛을 받으던 곧 일그러진다

노란종버섯

종버섯속

Conocybe lactea

- **발생 시기** : 초여름~가을
- **생태** : 잔디밭, 목초지, 보리밭, 길가에 단생 또는 산생
- **생활형** : 부생균
- **분포** : 전세계
- **형태** : 갓은 처음에는 원추형이나 차츰 종형이 되며, 지름 2~4cm. 갓 표면은 백황색~황토색으로 평활하다. 주름살은 갈적색, 완전붙은형으로 빽빽하다. 대는 백색, 분말상으로 속은 비어 있고, 기부는 공 모양으로 굵다. 길이 11~13cm.
- **포자문** : 적갈색
- **식·독** : 불명

유기물이 많은 잔디밭에 군생

황토볏짚버섯

볏짚버섯속

Agrocybe semiorbicularis

- **발생 시기**: 봄~가을
- **생태**: 잔디밭, 목장, 밭, 길가, 썩은 볏짚 위에 속생 또는 군생
- **생활형**: 부생균
- **분포**: 전세계
- **형태**: 갓은 처음에는 반구형이나 차츰 편평형이 되며, 지름 1.5~3cm. 갓 표면은 황갈색으로 평활하고, 습하면 약간 점성이 생긴다. 주름살은 회갈색~농갈색, 끝붙은형~완전붙은형으로 성기다. 대의 상부는 황백색, 하부는 황갈색, 미세한 비늘 조각으로 덮여 있다. 길이 3~3.5cm.
- **포자문**: 농갈색
- **식·독**: 식용

갓은 반구형~편평형

갈황색미치광이버섯　미치광이버섯속

Gymnopilus spectabilis

- 발생 시기 : 여름~가을
- 생태 : 활엽수의 생목, 고목에 속생
- 생활형 : 목재부후균
- 분포 : 전세계
- 형태 : 갓은 처음에는 반구형이나 차츰 편평형, 지름 8~15cm. 갓 표면은 황금색~갈등황색으로 섬유 문이 있다. 주름살은 황색에서 적 갈색으로 변하며, 완전붙은형으로 빽빽하다. 대는 담황색~황토색, 섬유상으로 길이 5~15cm. 턱받이

턱받이는 포자가 내려앉아 적갈색

는 갈황색으로 막질이다.
- 포자문 : 적갈색
- 식·독 : 독버섯(중독되면 오한, 현 훈, 환각, 환청, 정신 이상, 홍분 등의 증상을 보이나 치명적이지는 않다.)

갓은 청자색이나 차츰 퇴색한다

푸른끈적버섯

끈적버섯속

Cortinarius salor

- 발생 시기 : 가을
- 생태 : 적송과 활엽수의 혼합림에 발생
- 생활형 : 균근균
- 분포 : 북반구 일대
- 형태 : 갓은 처음에는 반구형이나 차츰 편평형이 되며, 지름 2.5~5cm. 갓 표면은 청자색이었다가 차츰 갈색을 띠며, 점성이 강하다. 주름살은 담자색에서 갈색으로 변하며, 끝붙은형으로 약간 성기다. 대는 담자색, 나중에 하부는 황색을 띠며, 점성이 있다. 길이 4~7cm.
- 프자문 : 적갈색
- 식·독 : 식용

갓은 방사상으로 갈라져 조직이 보이고, 표면은 섬유상

솔땀버섯

땀버섯속

Inocybe fastigiata

- 발생 시기 : 여름~가을
- 생태 : 혼합림의 참나무과 나무 밑 땅에 단생
- 생활형 : 균근균
- 분포 : 전세계
- 형태 : 갓은 처음에는 원추형이나 차츰 중앙이 볼록한 편평형이 되며, 지름 2~6cm. 갓 표면은 갈황색, 섬유상이나 나중에 방사상으로 갈라져 살이 보인다. 주름살은 황백색에서 황록갈색으로 변하며, 완전붙은형으로 약간 빽빽하다. 대는 백색~담갈색, 섬유상으로 길이 3~8cm.
- 포자문 : 농갈색
- 식·독 : 독버섯(중독되면 많은 땀을 흘리고, 호흡 곤란, 서맥(徐脈) 등의 증상이 나타난다.)

주름살은 담적갈황색

노란땀버섯

땀버섯속

Inocybe lutea

- 발생 시기 : 여름~가을
- 생태 : 활엽수림, 참나무 숲 내 땅 위에 군생 또는 단생
- 생활형 : 균근균
- 분포 : 동아시아
- 형태 : 갓은 처음에는 원추형이나 차츰 볼록 편평형이 되며, 지름 2.5~3cm. 갓 표면은 황색~황갈색, 가장자리는 방사상으로 갈라진다. 주름살은 황색에서 담적갈황

활엽수림 내 땅 위에 발생

색으로 변하며, 끝붙은형이다. 대는 황색, 기부는 구근상이며, 길이 2.5~3.5cm.
- 포자문 : 오갈색
- 식·독 : 불명

턱받이는 막질로, 세로줄이 세공된 반지 모양

노란턱돌버섯

돌버섯속

Descolea flavoannulata

- **발생 시기**: 여름~가을
- **생태**: 침엽수림, 활엽수림 내 땅 위에 단생
- **생활형**: 균근균
- **분포**: 동아시아
- **형태**: 갓은 처음에는 난형~반구형이나 차츰 편평형이 되며, 지름 4~7cm. 갓 표면은 황토석~농황갈색, 방사상 얕은 홈선이 있고, 황색 외피막의 파편이 산재해 있다. 주름살은 황갈색, 완전붙은형으로 약간 성기다. 대의 상부는 황토색, 하부는 섬유상으로 갈색이며, 길이 6~10cm. 턱받이는 황색 막질이다. 덜 발달된 환상의 대주머니 흔적이 붙어 있다.
- **포자문**: 황토색
- **식·독**: 불명

갓은 조개 껍데기형, 갓 끝은 말린형

은행잎우단버섯   우단버섯속

Paxillus panuoides

- 발생 시기 : 여름~가을
- 생태 : 침엽수, 소나무의 그루터기에 중생
- 생활형 : 목재부후균
- 분포 : 전세계
- 형태 : 갓은 조개 껍데기형, 지름 2~12cm, 갓 끝은 안쪽으로 말려 있다. 갓 표면은 황갈색~담갈색, 짧은 털이 있으나, 나중에 없어지

주름살은 내린형

면 평활해진다. 주름살은 담황색에서 황토색으로 변하며, 내린형으로 약간 빽빽하다. 대는 없다.
- 포자문 : 황토색
- 식·독 : 불명

주름살이 심하게 수축되어 측면에도 주름이 생겼다

꽃잎우단버섯

우단버섯속

Paxillus curtisii

갓은 반원형~부채형

- **발생 시기**: 여름~가을
- **생태**: 침엽수의 고목에 단생 또는 중생, 군생
- **생활형**: 목재부후균
- **분포**: 동아시아, 북아메리카
- **형태**: 갓은 반원형~부채형, 지름 2~6cm, 갓 끝은 안쪽으로 말려 있다. 갓 표면은 황색이며 평활하다. 주름살은 농황색~등황색, 방사상으로 배열되고 분지되며, 심하게 수축되어 측면에 주름이 있고 약간 빽빽하다. 대는 없다.
- **포자문**: 황갈색
- **식·독**: 불명

활엽수의 등걸에 대 없이 중생

노란귀버섯

귀버섯속

Crepidotus sulphurinus

- 발생 시기 : 여름~가을
- 생태 : 활엽수, 특히 등나무의 마른 줄기에 다수 중생
- 생활형 : 목재부후균
- 분포 : 동아시아
- 형태 : 갓은 부채형~콩팥형, 지름 0.5~3cm. 갓 표면은 황색~황갈색이며, 거친 털이 밀생한다. 주름살은 담황색~황갈색, 완전붙은형으로 약간 빽빽하다. 대는 없거나, 있다 해도 측심생으로 아주 짧다.
- 포자문 : 황갈색
- 식·독 : 불명

주름살은 백색~담자갈색

치마버섯

치마버섯속

Schizophyllum commune

갓은 거친 백색 털로 덮여 있다

- 발생 시기 : 봄~가을
- 생태 : 산림의 고목, 목재에 중생 또는 군생
- 생활형 : 목재부후균
- 분포 : 전세계
- 형태 : 갓은 부채형, 조개 껍데기형, 가죽질이며, 지름 1~3cm. 갓 표면은 백색~회갈색이며, 거친 털로 덮여 있다. 둘레는 불규칙하게 갈라진다. 주름살은 백색~담자갈색이며, 대는 없다.
- 포자문 : 황갈색
- 식·독 : 약용

갓에 상처가 나면 황색 유액을 분비한다

노란젖버섯

젖버섯속

Lactarius chrysorrheus

- 발생 시기 : 늦여름~가을
- 생태 : 적송과 졸참나무 혼합림 내 땅 위에 단생 또는 산생
- 생활형 : 균근균
- 분포 : 동아시아, 유럽, 북아메리카
- 형태 : 갓은 처음에는 평반구형이나 차츰 오목 편평형이 되며, 지름 4~10cm. 갓 표면은 황갈색~적황색, 동심원상 환문이 있고, 습하면 약간 점성이 있다. 주름살은 담황색, 약간 내린형으로 빽빽하다. 대는 갓과 같은 색으로 속은 비어 있고, 길이 5~7cm. 유액은 백색에서 황색으로 변하며, 매운맛이 난다.
- 포자문 : 담황홍색
- 식·독 : 식용(생식을 하면 중독되므로 주의해야 한다.)

근처를 지나가면 당귀 냄새를 맡을 수 있다

당귀젖버섯

젖버섯속

Lactarius subzonarius

- 발생 시기 : 여름~가을
- 생태 : 활엽수림, 주로 참나무과 나무 밑 땅에 군생 또는 단생
- 생활형 : 균근균
- 분포 : 동아시아
- 형태 : 갓은 처음에는 평반구형이나 차츰 오목 편평형이 되며, 지름 2.5~4cm. 갓 표면은 갈색과 담적 갈색 환문이 번갈아 있다. 주름살은 담홍색, 상처가 나면 약간 갈색으로 변하며, 내린형으로 빽빽하다. 대는 적갈색으로 속은 비어 있고 세로 주름이 있다. 길이 3~4cm. 백색 유액이 분비되며, 변색하지 않고 맛이 없다.
- 포자문 : 담황색
- 식·독 : 불명, 건조하면 강한 당귀 냄새가 난다.

갓과 대는 벨벳상, 주름살은 성기다

애기젖버섯

젖버섯속

Lactarius gerardii

- 발생 시기 : 여름~가을
- 생태 : 활엽수림, 침엽수림 내 땅 위에 군생 또는 단생
- 생활형 : 균근균
- 분포 : 북반구 온대
- 형태 : 갓은 처음에는 평반구형이나 차츰 오목 편평형이 되며, 지름 5~8cm. 갓 표면은 황갈색이며, 벨벳상이다. 주름살은 백색~담황색, 내린형으로 성기다. 대는 갓과 같은 색의 벨벳상으로 속이 비어 있다. 길이 3~8cm. 백색 유액이 분비되며, 변색하지 않고, 맛이 없다.
- 포자문 : 담황색
- 식·독 : 식용

주름살은 빽빽하다. 유액은 백색

잿빛헛대젖버섯

젖버섯속

Lactarius lignyotus

- 발생 시기 : 여름~가을
- 생태 : 침엽수림 내 이끼 많은 곳에 단생
- 생활형 : 균근균
- 분포 : 북반구 온대 이북
- 형태 : 갓은 처음에는 반구형이나 차츰 편평형이 되며, 지름 3~8cm. 갓 표면은 흑갈색이며 벨벳상이다. 주름살은 백색, 상처가 나면 담홍색으로 변하며, 내린형으로 빽빽하다. 대는 흑갈색, 벨벳상으로 길이 5~12cm. 유액은 백색, 상처 부위에서는 담홍색이며 약간 쓴맛이 난다.
- 포자문 : 담황백색
- 식·독 : 식용

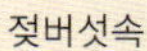

갓 표면은 벨벳상. 유액은 백색

젖버섯

젖버섯속

Lactarius volemus

- 발생 시기 : 여름~가을
- 생태 : 활엽수림, 때로는 혼합림 너 땅 위에 군생 또는 단생
- 생활형 : 균근균
- 분포 : 북반구 일대
- 형태 : 갓은 처음에는 평반구형이나 차츰 오목 편평형이 되며, 지름 3.5~10cm. 갓 표면은 등갈색~갈

적색이며 벨벳상이다. 주름살은 백색~담황색, 내린형으로 빽빽하다. 대는 갓과 같은 색으로 길이 6~10cm. 유액은 백색에서 갈색으로 변하며, 점성이 있고, 약간 떫은 맛이 난다.
- 포자문 : 백색
- 식·독 : 식용, 약용

주름살은 두껍고 성기다. 유액은 백색

흰주름젖버섯

젖버섯속

Lactarius hygrophoroides

- **발생 시기** : 여름~가을
- **생태** : 활엽수림, 침엽수림 내 땅 위에 단생
- **생활형** : 균근균
- **분포** : 북반구 일대
- **형태** : 갓은 평반구형에서 오목 편평형을 거쳐 편평 깔때기형이 되며, 지름 2.5~10cm. 갓 표면은 황갈색~담등갈색이며 벨벳상이다. 주름살은 백색~담황색, 두껍고 내린형으로 성기다. 대는 갓과 같은 색으로 길이 3~6cm. 백색 유액이 분비되며, 변색하지 않고 맛이 없다.
- **포자문** : 백색
- **식·독** : 식용

상처가 나면 백색 유액을 분비한다

쌈젖버섯

무당버섯속

Lactarius controversus

- 발생 시기 : 여름~가을
- 생태 : 활엽수림, 주로 사시나무, 버드나무 숲 속 땅 위에 단생
- 생활형 : 균근균
- 분포 : 북반구 온대 이북
- 형태 : 갓은 처음에는 평반구형이나 차츰 깔때기형이 되며, 지름 7~10cm. 갓 표면은 백색, 습하면 점성이 있고, 담적갈색의 큰 얼룩무늬가 생긴다. 주름살은 담적백색, 내린형으로 빽빽하다. 대는 갓과 같은 색으로 같은 얼룩무늬가 있다. 백색 유액이 분비되며, 변색하지 않고 매운맛이 난다.
- 포자문 : 담적황색
- 식·독 : 불명

갓이 갈라져 흰 조직이 보인다. 주름살은 담황색

황금무당버섯

무당버섯속

Russula aurata
Russula aurea

- 발생 시기 : 여름~가을
- 생태 : 침엽수림, 활엽수림 내 땅 위에 군생 또는 단생
- 생활형 : 균근균
- 분포 : 북반구 일대
- 형태 : 갓은 처음에는 반구형이나 차츰 오목 편평형이 되며, 지름 4~9cm. 갓 표면은 적황색~등황색이며, 습할 때 점성이 있다. 주름살은 백색에서 담황색으로 변하며, 떨어진형으로 약간 빽빽하다. 대는 백색에서 담황록색으로 변하며, 길이 6~9cm.
- 포자문 : 황토색
- 식·독 : 식용

갓 표면은 백색에서 담황갈색으로 변한다

흰무당버섯아재비

Russula pseudodelica
Russula japonica

- 발생 시기 : 여름~가을
- 생태 : 활엽수림 내 땅 위에 군생 또는 산생
- 생활형 : 균근균
- 분포 : 동아시아, 유럽
- 형태 : 갓은 처음에는 반구형이나 차츰 깔때기형이 되며, 지름 6~20cm. 갓 표면은 백색에서 담황갈색으로 변하며, 평활 또는 약간 분말상이다. 주름살은 백색에서 담황색으로 변하며, 끝붙은형으로 매우 빽빽하다. 대는 백색이며, 길이는 3~6cm로 굵다.
- 도자문 : 담황색~황토색
- 식·독 : 독버섯

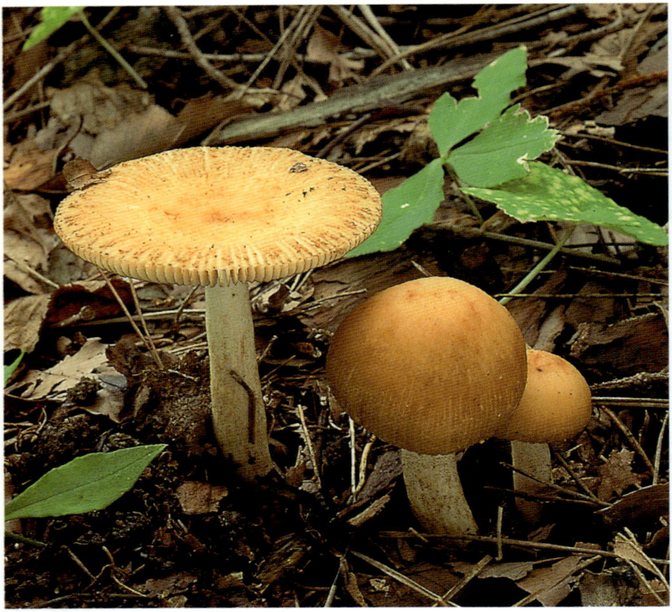

갓 둘레에는 방사상의 홈선이 뚜렷하다

깔때기무당버섯

Russula foetens

- 발생 시기 : 여름~가을
- 생태 : 활엽수림, 침엽수림 내 땅 위에 단생 또는 산생
- 생활형 : 균근균
- 분포 : 북반구
- 형태 : 갓은 반구형~오목 편평형, 지름 5~12cm. 갓 표면은 황갈색이며, 가장자리에 뚜렷한 방사상 홈선이 있다. 주름살은 황백색, 갈색 얼룩이 있고, 끝붙은형으로 빽빽하다. 대는 백갈색으로, 처음에는 속이 차나 나중에 비게 된다. 길이 6~10cm.
- 포자문 : 담황색
- 식·독 : 독버섯, 약용

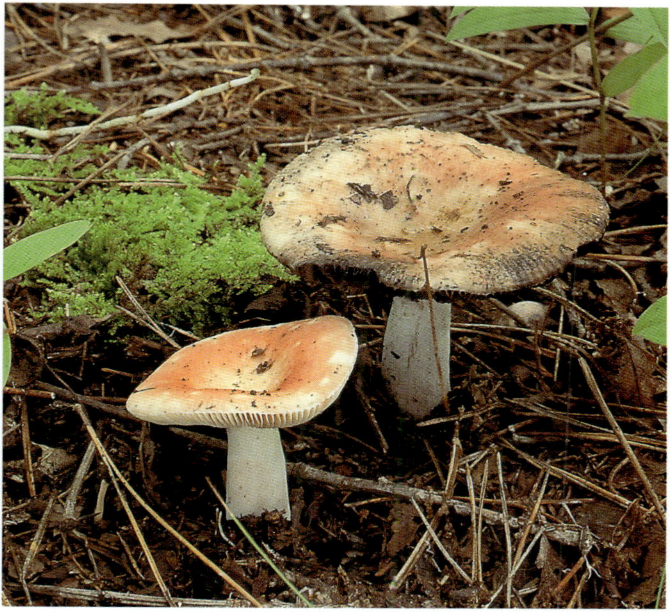

갓은 둘레부터 차차 검은색으로 변한다

변색무당버섯

Russula rubescens

- 발생 시기 : 여름~가을
- 생태 : 주로 침엽수림에 군생 또는 단생
- 생활형 : 균근균
- 분포 : 동아시아, 북아메리카
- 형태 : 갓은 처음에는 반구형이나 차츰 오목 편평형이 되며, 지름 4~8.5cm. 갓 표면은 적색에서 담적황색을 거쳐 회흑색이 된다. 주름살은 백색, 상처가 나면 적색이 되었다가 흑색으로 변하며, 떨어진 형으로 빽빽하다. 대는 백색, 상처가 나면 흑색으로 변하며, 길이 3~5cm.
- 프자문 : 담황색
- 식·독 : 불명

이끼 위에 난 분홍색 버섯이 매으 아름답다 〈사진 / 이지헌〉

수원무당버섯

무당버섯속

Russula mariae

- 발생 시기 : 여름~가을
- 생태 : 주로 송림이나 송림과의 혼 생림 내 땅 위에 군생 또는 단생
- 생활형 : 균근균
- 분포 : 동아시아, 북아메리카-
- 형태 : 갓은 반구형에서 평탄구형을 거쳐 편평형이 되며, 지름 2~4cm.

갓 표면은 홍적색, 습할 때 점성이 있고 분말상이다. 주름살은 담황색, 떨어진형으로 약간 빽빽하다. 대는 분홍색, 분말상으로 길이 2~4cm.

- 포자문 : 담백황색
- 식·독 : 불명

갓의 표피가 갈라져 코스모스 무늬가 된다

흙무당버섯　　　　　　　　　　　무당버섯속

Russula senecis

- 발생 시기 : 여름~가을
- 생태 : 활엽수림, 주로 참나무 숲 내 땅 위에 군생 또는 단생
- 생활형 : 균근균
- 분포 : 동아시아, 뉴기니
- 형태 : 갓은 처음에는 반구형이나 차츰 오목 편평형이 되며, 지름 5~10cm. 갓 표면은 갈색~황갈색, 가장자리에 방사상 홈선이 있고. 표피가 갈라져 코스모스 무늬를 이룬다. 주름살은 황백색이나 차츰 갈색 얼룩이 생기며, 떨어진형으로 빽빽하다. 대는 황색, 갈색의 작은 점이 있다. 길이 4~12cm.
- 포자문 : 백색
- 스·독 : 독버섯

버섯 전체가 백색

흰꽃무당버섯　　　　무당버섯속

Russula alboareolata

- 발생 시기 : 여름~가을
- 생태 : 활엽수림, 특히 떡갈나무 숲 내 땅 위에 군생 또는 단생
- 생활형 : 균근균
- 분포 : 동아시아
- 형태 : 갓은 반구형~오목 편평형, 지름 5~8cm. 갓 표면은 백색 분말 상으로 가장자리에 방사상 홈선이 있고, 생장하면 표피가 갈라진다.

성숙하면 표피가 갈라진다

주름살은 백색, 떨어진형으로 약간 성기다. 대는 백색으로 주름상의 세로줄이 있으며, 길이 2~6cm.
- 포자문 : 백색
- 식·독 : 불명

무당버섯(뒤쪽). 갓은 선홍색이며 대는 희다

무당버섯

무당버섯속

Russula emetica

- 발생 시기 : 여름~가을
- 생태 : 활엽수림, 침엽수림 내 땅 위에 군생 또는 단생
- 생활형 : 균근균, 균륜 형성
- 분포 : 북반구 일대, 오스트레일리아
- 형태 : 갓은 처음에는 반구형이나 차츰 오목 편평형이 되며, 지름 3~10cm. 갓 표면은 선홍색이며, 습하면 점성이 있다. 주름살은 백색에서 담황색으로 변하며, 끝붙은 형으로 약간 성기다. 대는 백색으로 무르고, 내부는 해면상이다. 길이 3~7cm.
- 포자문 : 백색
- 식·독 : 독버섯(특히 생식을 하면 중독되며, 구토, 설사 등의 증상이 나타난다.)

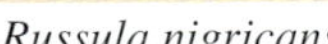

주름살은 두껍고 성기다

절구버섯

Russula nigricans

- 발생 시기 : 여름~가을
- 생태 : 침엽수림, 활엽수림 내 땅 위에 군생 또는 산생
- 생활형 : 균근균
- 분포 : 북반구 일대
- 형태 : 갓은 처음에는 반구형이나 차츰 얇은 깔때기형이 되며, 지름 5~16cm. 갓 표면은 담갈백색에서 회갈색을 거쳐 흑색이 된다. 주름살은 백색에서 흑색으로 변하며, 내린형으로 너비가 넓고, 두껍고 성기다. 대는 처음에는 백색이었다가 차츰 흑색이 되며, 단단하고 굵다. 길이 3~7cm.
- 포자문 : 백색
- 식·독 : 식용(생식하면 중독), 약용

갓의 녹색 표피가 갈라져 얼룩무늬가 된다

기와버섯　　　　　　무당버섯속

Russula virescens

- 발생 시기 : 여름~가을
- 생태 : 활엽수림, 특히 자작나무과, 참나무과 수림 내 땅 위에 단생
- 생활형 : 균근균
- 분포 : 북반구 온대 이북
- 형태 : 갓은 처음에는 반구형이나 차츰 오목 편평형이 되며, 지름 5~12cm. 갓 표면은 녹색~회록색이며, 표피는 불규칙한 균열로 얼룩무늬를 나타낸다. 주름살은 벽

주름살은 백색 〈사진 / 이지헌〉

색, 떨어진형으로 약간 빽빽하다. 대는 백색으로 굵고 단단하며, 길이 5~9cm.
- 포자문 : 백색
- 식·독 : 식용, 약용

갓은 황토색 분말상, 턱받이는 갈황색 〈사진 / 이지헌〉

낭피버섯

낭피버섯속

Cystoderma amianthinum

- 발생 시기 : 여름~가을
- 생태 : 침엽수림 내 낙엽 위에 군생 또는 산생
- 생활형 : 부생균, 균륜 형성
- 분포 : 북반구 일대, 오스트레일리아, 아프리카, 유럽
- 형태 : 갓은 처음에는 평반구형이나 차츰 볼록 편평형이 되며, 지름 1.5~4.5cm. 갓 표면은 황갈색~황토색이며, 황토색 분말로 덮여 있다. 주름살은 백색, 끝붙은형으로 빽빽하다. 대의 상부는 황색, 하부는 갓과 같은 색이며, 길이 3~6cm. 갈황색 턱받이가 있으나 곧 탈락된다.
- 포자문 : 백색, 담황백색
- 식·독 : 불명

갓과 대에 비늘 조각이 있다

솔갓버섯

갓버섯속

Lepiota clypeolaria

• 발생 시기 : 여름~가을
• 생태 : 숲 속 땅 위에 발생
• 생활형 : 부생균
• 분포 : 전세계
• 형태 : 갓은 처음에는 종형~반구형
이나 차츰 볼록 편평형이 되며, 지
름 3~7cm. 갓 표면은 황갈색, 처
음에는 융단상이나 표피가 잘게 갈
라져 작은 비늘 조각이 산재한다.
주름살은 백색~담황색, 떨어진형

갓은 종형~반구형

으로 빽빽하다. 대의 상부는 백색
비단상, 하부는 황갈색 섬유상으로
길이 3.5~8.5cm. 턱받이가 있으나
곧 탈락된다.
• 포자문 : 백색~담황백색
• 식·독 : 불명

대 위쪽에 흰 턱받이가 있다

갈색고리갓버섯

갓버섯속

Lepiota cristata

- 발생 시기 : 여름~가을
- 생태 : 정원, 잔디밭, 숲 속 땅 위에 군생
- 생활형 : 부생균
- 분포 : 전세계
- 형태 : 갓은 처음에는 증형이나 차츰 볼록 편평형이 되며, 지름 2~4cm. 갓 표면의 중심부는 적갈색, 나머지 부분은 백색 바탕에 적갈색 비늘 조각이 산재해 있다. 주름살은 백색~담황색, 떨어진형으로 빽빽하다. 대는 백색에서 담회갈색으로 변하며, 광택이 있고, 길이 3~5cm. 백색 비단상 턱받이는 탈락된다.
- 포자문 : 백색
- 식·독 : 불명

대는 회갈색으로 뱀가죽 무늬를 이룬다

큰갓버섯

큰갓버섯속

Macrolepiota procera

- **발생 시기** : 여름~가을
- **생태** : 풀밭, 잔디밭, 대밭, 숲 속 땅 위에 단생 또는 산생
- **생활형** : 부생균
- **분포** : 전세계
- **형태** : 갓은 처음에는 난형~구형이나 차츰 볼록 편평형이 되며, 지름 7~20cm. 갓 표면은 담회갈색, 표피는 잘게 갈라져 갈색 비늘 조각이 산재해 있다. 주름살은 백색, 떨어진형으로 빽빽하다. 대는 회갈색이며, 갈색의 작은 비늘 조각

잔디밭에 단생

이 빽빽하게 퍼져 있어 뱀가죽 무늬를 이루고, 기부는 팽대한다. 길이 15~30cm. 턱받이는 갈색이며, 두껍고 움직이기 쉽다.
- **포자둔** : 백색
- **식·독** : 식용(생식은 금물이다.), 약용

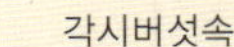

갓 표면은 황색 가루로 덮여 있다

여우꽃각시버섯

각시버섯속

Leucocoprinus fragilissimus

- **발생 시기** : 여름~가을
- **생태** : 숲 속 땅, 정원, 온실에 단생
- **생활형** : 부생균
- **분포** : 동아시아, 북아메리카, 유럽
- **형태** : 갓은 처음에는 평반구형이나 차츰 편평형이 되며, 지름 2~4cm. 갓 표면은 담황색, 중심부는 황색 분말로 덮여 있고, 방사상 홈선이 선명하다. 주름살은 담황백색, 떨어진형으로 성기다. 대는 담황색으로 아주 가늘고, 턱받이 아래쪽에는 황색의 짧은 털이 나 있다. 길이 4~8cm. 턱받이는 황색이며 막질이다.
- **포자문** : 백색
- **식·독** : 불명

갓 중앙부에는 섬유상 비늘이 많고, 턱받이는 매우 크다

진갈색주름버섯 주름버섯속

Agaricus subrutilescens

- 발생 시기 : 여름~가을
- 생태 : 산림, 특히 침엽수림 내 땅 위에 군생 또는 단생
- 생활형 : 부생균
- 분포 : 북반구
- 형태 : 갓은 처음에는 반구형이나 차츰 편평형이 되며, 지름 7~18cm. 갓 표면은 백색, 중앙부에 자갈색 섬유상 비늘 조각이 밀집되어 있다. 주름살은 백색에서 담홍색을 거쳐 자갈색이 되며, 떨어진형으로 빽빽하다. 대는 백색으로 턱받이 아래는 거스러미 모양의 비늘 조각으로 덮여 있다. 길이 9~20cm. 백색의 대형 턱받이가 있다.
- 포자문 : 자갈색
- 식 독 : 식용(사람에 따라서는 위통을 유발하기도 한다.), 약용

대 기부 쪽은 가늘고 턱받이는 얇은 막질

주름버섯

주름버섯속

Agaricus campestris

- 발생 시기 : 봄~가을
- 생태 : 비옥한 초지, 잔디밭에 군생
- 생활형 : 부생균, 균륜 형성
- 분포 : 전세계
- 형태 : 갓은 처음에는 반구형이나 차츰 편평형이 되며, 지름 3~10cm. 갓 표면은 백색, 비단상 광택이 있다. 주름살은 분홍색에서 차차 적갈색으로 변하며, 떨어진형으로 빽빽하다. 대는 백색, 비단상으로 기부 쪽이 가늘며, 길이 5~10cm. 턱받이는 백색의 얇은 막질이다.
- 포자문 : 자갈색
- 식·독 : 식용, 약용

숲 속 땅 위에 군생

깔때기버섯

깔때기버섯속

Clitocybe gibba

- 발생 시기 : 여름~가을
- 생태 : 숲 속 낙엽 사이 땅 위 또는 풀밭에 군생 또는 단생
- 생활형 : 부생균, 균륜 형성
- 분포 : 북반구
- 형태 : 갓은 처음에는 평반구형이나 차츰 깔때기형이 되며, 지름 3~8cm. 갓 표면은 담적갈색~담홍갈색, 평활하나 중앙부에는 미세한 비늘 조각이 있다. 주름살은 백색

주름살은 내린형

~담황색, 내린형으로 빽빽하다. 대는 갓보다 옅은 색이고 질기며, 길이 3~5cm.
- 프자문 : 담황백색
- 식·독 : 식용, 약용

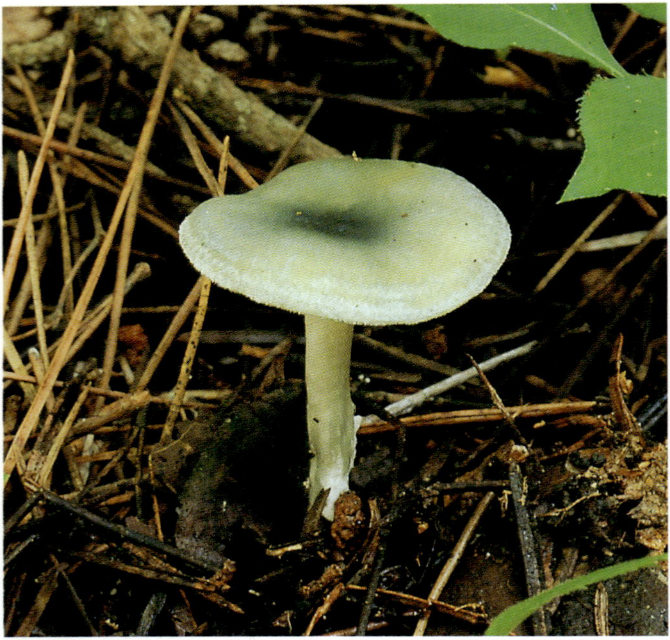

갓의 중앙은 청록색

하늘색깔때기버섯

Clitocybe odora

- 발생 시기 : 여름~가을
- 생태 : 활엽수림 내 낙엽 사이 땅 위에 단생 또는 소수 군생
- 생활형 : 부생균
- 분포 : 북반구 온대 이북
- 형태 : 갓은 처음에는 평반구형이나 차츰 오목 편평형이 되며, 지름 3~10cm. 갓 표면은 청회색~청록색이며, 평활하다. 주름살은 백색~담황색, 내린형으로 약간 성기다. 대는 갓과 같은 색으로 길이 3~8cm.
- 포자문 : 담황백색
- 식·독 : 식용

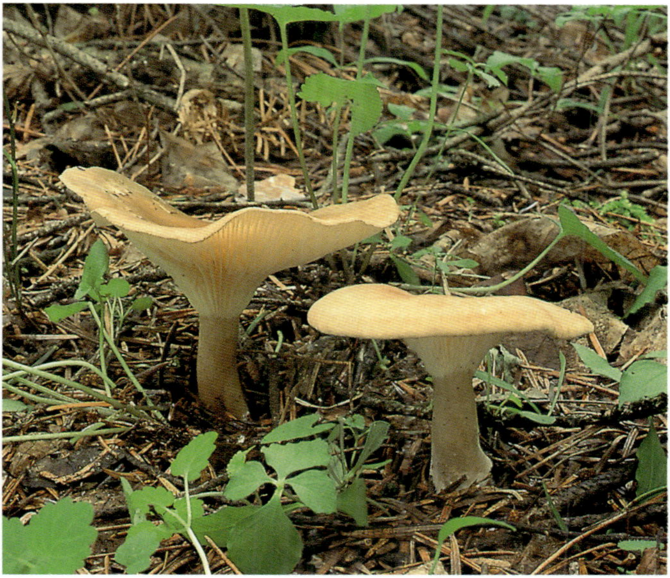

갓 끝은 굽은형. 대 기부는 굵다

배불뚝이깔때기버섯

Clitocybe clavipes

- 발생 시기 : 가을
- 생태 : 수림, 특히 낙엽송림 내 땅 위에 군생 또는 산생
- 생활형 : 부생균, 균륜 형성
- 분포 : 북반구 온대 이북
- 형태 : 갓은 처음에는 편평형이나 차츰 깔때기형이 되며, 지름 2.5~ 7cm. 갓 표면은 회갈색~갈회색, 중앙부는 짙은 색이며, 갓 끝은 안쪽으로 굽어 있다. 주름살은 백색 ~담황색, 길게 내린형으로 약간 성기다. 대는 갓보다 옅은 색이며, 아래쪽으로 굵어지고, 길이 3~6cm.
- 포자문 : 백색
- 식·독 : 식용(술과 함께 먹으면 중독되는 사람도 있으며, 안면 홍조, 두통, 현훈, 구토, 호흡 곤란 등의 증상이 나타난다.)

갓 중앙부는 볼록하고 대 기부는 둥글다

흰볼록버섯

배꼽버섯속

Melanoleuca verrucipes

- 발생 시기 : 여름~가을
- 생태 : 풀밭, 잔디밭, 숲 속 땅 위에 군생
- 생활형 : 부생균
- 분포 : 동아시아, 유럽
- 형태 : 갓은 처음에는 평반구형이나 차츰 볼록 편평형이 되며, 지름 2.5~7cm. 갓 표면은 백색이며, 중앙부는 담갈색이다. 주름살은 백색, 홈형~완전붙은형으로 빽빽하다. 대는 백색 바탕에 흑갈색의 비늘 조각이 산재해 있으며, 길이 3~8cm.
- 포자문 : 담황백색
- 식·독 : 식용

잔디밭에 발생. 갓 중앙부는 약간 볼록하다

잔디볼록버섯(잔디배꼽버섯) 배꼽버섯속

Melanoleuca melaleuca

- 발생 시기 : 봄~가을
- 생태 : 풀밭, 정원, 잔디밭, 수림 나
  땅 위에 산생
- 생활형 : 부생균
- 분포 : 북반구 일대, 오스트레일리○
- 형태 : 갓은 처음에는 평반구형이나
  차츰 볼록 편평형이 되며, 지름
  3~8cm. 갓 표면은 습하면 농갈
  색, 건조하면 황회갈색이 되며, 평
  활하다. 주름살은 백색, 완전붙은

주름살은 백색

형으로 빽빽하다. 대는 담회갈색이
며, 갈색 섬유상 세로줄이 있다. 길
이 5~8cm.
- 포자문 : 백색
- 식·독 : 식용

버섯 전체가 백색, 막질의 턱받이가 있다

끈적긴뿌리버섯

긴뿌리버섯속

Oudemansiella mucida

- 발생 시기 : 여름~가을
- 생태 : 너도밤나무와 같은 활엽수의 고목에 소수 속생
- 생활형 : 목재부후균
- 분포 : 북반구 온대, 오스트레일리아
- 형태 : 갓은 처음에는 반구형이나 차츰 편평형이 되며, 지름 2~8cm.

갓 표면은 백색이며 강한 점성이 있다. 주름살은 백색, 완전붙은형으로 성기다. 대는 백색, 연골질로 길이 3~7cm. 턱받이는 백색 막질이다.

- 포자문 : 담황백색
- 식·독 : 식용

갓 표면에는 방사상 주름이 있다

민긴뿌리버섯

긴뿌리버섯속

Oudemansiella radicata

- 발생 시기 : 여름~가을
- 생태 : 활엽수림, 침엽수림, 죽림 내 땅 위에 단생
- 생활형 : 목재부후균
- 분포 : 북반구 온대, 뉴기니, 아프리카
- 형태 : 갓은 처음에는 반구형이나 차츰 볼록 편평형이 되며, 지름 4~6cm. 갓 표면은 담갈색~담회갈색, 방사상의 불규칙한 주름이 있으며, 습할 때 강한 점성이 있다. 주름살은 백색, 완전붙은형으로 성

대의 기부는 뿌리 모양

기다. 대의 지상부는 갓과 같은 색으로, 기부 쪽으로 갈수록 약간 굵어지며, 길이 5~10cm. 지하부는 뿌리 모양으로 가늘어지며, 길게 땅 속으로 뻗는다.

- 도자문 : 백색
- 식·독 : 식용, 약용

썩은 나무 등걸이 묻힌 땅 위에 발생

넓은주름긴뿌리버섯

긴뿌리버섯속

Oudemansiella platyphylla

- 발생 시기 : 여름~가을
- 생태 : 활엽수의 썩은 나무 또는 그 주변에 군생 또는 단생
- 생활형 : 부생균
- 분포 : 북반구 온대 이북
- 형태 : 갓은 평반구형에서 편평형을 거쳐 오목 편평형으로 되며, 지름 5~20cm. 갓 표면은 회색~회갈색이며, 방사상 섬유문이 있다. 주름살은 백색, 홈형으로 성기다. 대는 백색~회갈색, 단단하고 표면은 섬유상이다. 길이 7~12cm.
- 포자문 : 백색
- 식·독 : 독버섯(종래는 식용하였으나, 중독 사례가 보고된 바 있다.)

갓 표면에는 적갈색의 미세한 비늘이 빽빽하다

솔버섯 솔버섯속

Tricholomopsis rutilans

- 발생 시기 : 여름~가을
- 생태 : 침엽수의 그루터기, 썩은 나무에 단생 또는 속생
- 생활형 : 목재부후균
- 분포 : 전세계
- 형태 : 갓은 처음에는 종형이나 차츰 편평형이 되며, 지름 4~20cm. 갓 표면은 황색 바탕에 농적갈색의 작은 비늘 조각이 빽빽하게 퍼져 있다. 주름살은 황색, 끝붙은형으

주름살은 황색

로 약간 빽빽하다. 대는 갓과 같은 색이며, 길이 6~18cm.
- 포자문 : 백색~담황백색
- 식·독 : 식용(2개월 이상 염장해야 안전하다.)

갓 끝은 톱니형. 상처가 나면 붉은 액체를 분비한다

적갈색애주름버섯 애주름버섯속

Mycena haematopoda

〈사진 / 이지나〉

- 발생 시기 : 여름~가을
- 생태 : 활엽수의 썩은 나무에 군생 또는 속생
- 생활형 : 목재부후균
- 분포 : 전세계
- 형태 : 갓은 원추형~종형, 갓 끝은 톱니형이며, 상처가 나면 붉은 액체가 나온다. 지름 1~4cm. 갓 표면은 적갈색이며, 방사상 줄이 있다. 주름살은 백색에서 적갈색으로 변하며, 완전붙은형으로 약간 성기다. 대는 갓과 같은 색이며, 길이 2~12cm.
- 포자문 : 백색~담황백색
- 식·독 : 불명

활엽수의 그루터기에 무리지어 발생

콩나물애주름버섯 애주름버섯속

Mycena galericulata

- 발생 시기 : 봄~가을
- 생태 : 활엽수의 썩은 나무, 그루터기에 다수 속생
- 생활형 : 목재부후균
- 분포 : 전세계
- 형태 : 갓은 처음에는 원추형~종형이나 차츰 반구형이 되며, 지름 2~5cm. 갓 표면은 회색~담황갈색이며, 방사상 주름이 있다. 주름살은 백색~회백색, 완전붙은형으로 약간 성기다. 대는 갓과 같은 색이며, 길이 5~12cm.
- 포자문 : 담황백색
- 식·독 : 식용

갓은 보라색, 홍자색, 장미색 등 다양하다

맑은애주름버섯 애주름버섯속

Mycena pura

- 발생 시기 : 봄~가을
- 생태 : 활엽수림, 침엽수림 내 낙엽 사이에 군생
- 생활형 : 부생균
- 분포 : 전세계
- 형태 : 갓은 처음에는 원츠형~종형 이나 차츰 볼록 평반구형이 되며, 지름 2~4cm. 갓 표면은 장미색, 홍자색 등 다양하고 평활하며, 습할 때 가장자리에 방사상 줄이 있

주름살은 성기다

다. 주름살은 담홍색~담자회색~ 백색, 완전붙은형으로 성기다. 대는 갓과 같은 색이며, 길이 5~8cm.
- 포자문 : 백색
- 식·독 : 독버섯

시루에 콩나물이 자라듯이 낙엽 위에 빽빽하게 발생

밀버섯　　　　　애기버섯속

Collybia confluens

- 발생 시기 : 여름~가을
- 생태 : 활엽수림 내 낙엽 사이에 군 생 또는 속생
- 생활형 : 부생균
- 분포 : 북반구 일대, 아프리카, 유라 시아
- 형태 : 갓은 처음에는 평반구형이나 차츰 편평형이 되며, 지름 2.5~ 5cm. 갓 표면은 적갈색~황갈색, 중앙부는 짙은 색이며, 평활하다.

〈사진 / 이지헌〉

주름살은 갓과 같은 색, 끝붙은형으 로 빽빽하다. 대는 담적갈색, 작은 털로 덮여 있으며, 속은 비어 있다.
- 포자문 : 백색
- 식·독 : 식용

숲 속 땅 위에 군생

애기버섯

애기버섯속

Collybia dryophila

- **발생 시기**: 봄~가을
- **생태**: 산림 내 부식질의 땅이나 낙엽 위에 군생
- **생활형**: 부생균, 균륜 형성
- **분포**: 전세계
- **형태**: 갓은 처음에는 평반구형이나 차츰 편평형이 되며, 나중에 주변부가 위로 뒤집힌다. 지름 1~5cm.

갓 표면은 담황색~황토색이며 평활하다. 주름살은 백색~담황색, 완전붙은형으로 빽빽하다. 대는 담황색~황갈색으로 평활하고, 가늘며, 속은 비어 있다, 길이 3~6cm.
- **포자문**: 백색~담황백색
- **식·독**: 식용

갓은 차차 편평해진다

푸른 이끼와 오렌지색 버섯이 환상적인 조화를 이루고 있다

이끼패랭이버섯 패랭이버섯속

Gerronema fibula

- 발생 시기 : 봄~여름
- 생태 : 산림이나 정원의 이끼 사이에 군생
- 생활형 : 부생균
- 분포 : 북반구 온대
- 형태 : 갓은 종형에서 평반구형을 거쳐 오목 편평형이 되며, 지름 0.5~1cm. 갓 표면은 등황색이며, 방사상 홈선이 있다. 주름살은 백색, 내린형으로 성기다. 대는 등황색이며, 길이 1.5~3cm.
- 포자문 : 백색
- 식·독 : 불명

대는 담황색~흑갈색

애기낙엽버섯

낙엽버섯속

Marasmius siccus

- 발생 시기 : 여름~가을
- 생태 : 활엽수림 내 낙엽 위에 군생 또는 산생
- 생활형 : 부생균
- 분포 : 북반구 일대
- 형태 : 갓은 종형~원뿔형, 지름 1~2cm. 갓 표면은 등황색, 담홍색 등 다양하며, 방사상 홈선이 있다. 주름살은 백황색, 완전붙은형으로

갓은 종형~원뿔형

성기다. 대는 담황색~흑갈색으로 가늘고 길며, 속은 비어 있다. 길이 4~7cm.
- 포자문 : 백색
- 식·독 : 약용

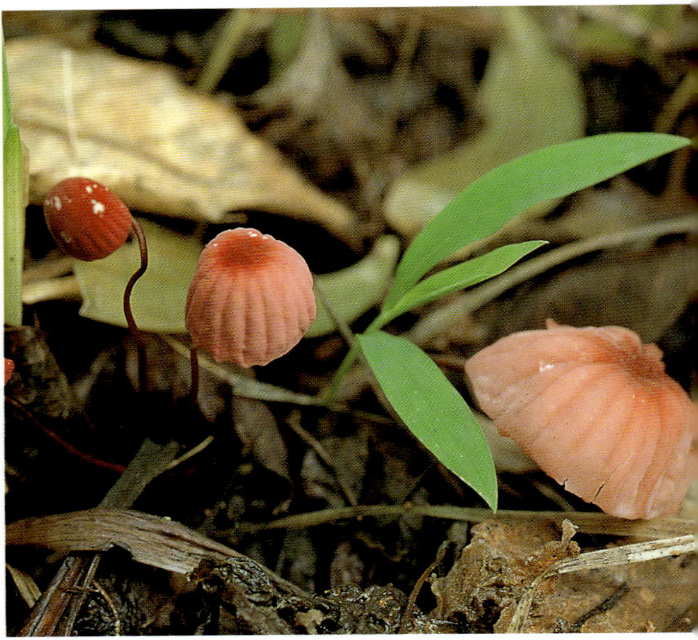

갓 표면의 빛깔은 다양하고 깊은 방사상 홈선이 있다

앵두낙엽버섯

Marasmius pulcherripes

- 발생 시기 : 여름~가을
- 생태 : 활엽수림, 침엽수림 내 낙엽 위에 군생 또는 산생
- 생활형 : 부생균
- 분포 : 동아시아, 북아메리카
- 형태 : 갓은 종형~반구형, 지름 0.7~1.5cm. 갓 표면은 담홍색~ 자홍색~등황색이며, 방사상 홈선이 있다. 주름살은 백색, 완전붙은형으로 아주 성기다. 대는 흑갈색, 가는 철사 모양으로 길이 3~6cm.
- 포자문 : 백색
- 식·독 : 불명

아주 작은 버섯. 벼과 식물의 줄기에 군생

풀잎낙엽버섯 낙엽버섯속

Marasmius graminum

- 발생 시기 : 여름~가을
- 생태 : 산림, 풀밭, 특히 벼과 식물의 줄기에 군생
- 생활형 : 부생균
- 분포 : 동아시아, 북아메리카, 유럽, 아프리카
- 형태 : 갓은 처음에는 반구형~종형이나 차츰 오목 편평형이 되며, 지름 0.2~0.4cm. 갓 표면은 담적갈색~담갈적색이며, 방사상 홈선이

담갈적색형

있다. 주름살은 백색~담황백색, 완전붙은형으로 성기다. 대는 담황백색~갈흑색의 가는 철사 모양으로 길이 1~2.5cm.
- 포자문 : 백색
- 식·독 : 불명

대는 섬유상으로 매우 질기고 주름살은 성기다

큰낙엽버섯

낙엽버섯속

Marasmius maximus

- 발생 시기 : 봄~가을
- 생태 : 활엽수림, 죽림, 정원 내 낙엽이 쌓인 곳에 군생 또는 속생
- 생활형 : 부생균
- 분포 : 동아시아
- 형태 : 갓은 처음에는 평반구형이나 차츰 볼록 편평형이 되며, 지름 3~10cm. 갓 표면은 담황갈색, 중앙부는 갈색을 띠며, 방사상 홈선이 있다. 주름살은 갓보다 옅은 색, 끝붙은형으로 성기다. 대는 담황갈색, 섬유상으로 길이 5~9cm.
- 포자문 : 백색
- 식·독 : 약용

늦가을에 난 버섯은 다음 해 이른 봄까지도 생존할 수 있다

팽나무버섯(일명 팽이버섯)

팽나무버섯속

Flammulina velutipes

- 발생 시기 : 여름~가을
- 생태 : 활엽수의 고목, 그루터기에 속생, 눈 속에서도 생장
- 생활형 : 목재부후균
- 분포 : 전세계
- 형태 : 갓은 처음에는 평반구형이나 차츰 편평형이 되며, 지름 2~3cm. 갓 표면은 황갈색~농갈색이며 강한 점성이 있다. 주름살은 백색~담황색, 홈형으로 약간 빽빽하다. 대는 농갈색이며, 짧은 털로 덮여 있어 벨벳상이다. 길이 2~8cm.
- 포자문 : 백색
- 식·독 : 식용, 약용(시판되는 재배 버섯은 그 형태가 자생 버섯과 완전히 다르다.)

늙은 절구버섯 위에 기생

덧부치버섯 덧부치버섯속

Asterophora lycoperdoides

- **발생 시기**: 여름~가을
- **생태**: 굴털이, 절구버섯 등 다른 늙은 버섯 위에 기생
- **생활형**: 기생균
- **분포**: 북반구
- **형태**: 갓은 처음에는 반구형이나 차츰 평반구형이 되며, 지름 0.5~ 1.5cm. 갓 표면은 백색이며, 중앙부는 담갈색 가루 덩어리(후막 포자)로 변한다. 주름살은 백색, 완전 붙은형으로 성기다. 대는 백색, 기부는 갈백색이며, 길이 0.5~5cm.
- **포자문**: 백색
- **식·독**: 불명

갓과 기부에는 등색 가시가 빽빽하다

등색가시비녀버섯

비녀버섯속

Cyptotrama asprata

- 발생 시기 : 여름~가을
- 생태 : 활엽수의 고목, 쓰러진 나무, 떨어진 가지에 발생
- 생활형 : 목재부후균
- 분포 : 북반구 이북, 오스트레일리아
- 형태 : 갓은 처음에는 반구형이나 차츰 편평형이 되며, 지름 1~2.5cm. 갓 표면은 등황색이고, 부드러운 등색 가시가 밀생해 있으나 탈락된다. 주름살은 백색, 완전붙은형으로 성기다. 대는 담황색이며, 등황색 면모상의 비늘 조각으로 덮여 있다. 길이 1.5~4cm.
- 포자문 : 백색
- 식·독 : 불명

이끼 위에 발생

자주졸각버섯

졸각버섯속

Laccaria amethystea

- 발생 시기 : 여름~가을
- 생태 : 수림 내 땅 위에 균생
- 생활형 : 임의적 균근균
- 분포 : 북반구
- 형태 : 갓은 처음에는 평반구형이나 차츰 오목 편평형이 되며, 지름 1.5~3cm. 갓 표면은 농자색, 건조하면 담회갈색으로 변색되며, 방사상 홈선이 있다. 주름살은 자색, 끝 붙은형으로 성기다. 대는 자색, 섬유상으로 길이 3~6cm.
- 포자문 : 백색
- 식·독 : 식용

갓은 방사상 홈선이 뚜렷하다

색시졸각버섯 졸각버섯속

Laccaria vinaceoavellanea

- 발생 시기 : 여름
- 생태 : 수림 내 땅 위에 군생
- 생활형 : 균근균
- 분포 : 동아시아, 유럽, 뉴기니
- 형태 : 갓은 처음에는 평반구형이나
차츰 오목 편평형이 되며, 지름
3~8cm. 갓 표면은 담자갈색이며,
방사상 홈선이 있다. 주름살은 자
갈색, 내린형으로 성기다. 대는 자

갓 중앙은 오목하다

갈색으로 단단하며, 세로줄이 있
다. 길이 5~8cm.
- 포자무늬 : 백색
- 식·독 : 불명

숲 속 왕모래 땅 위에 발생

졸각버섯

졸각버섯속

Laccaria laccata

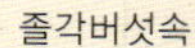

- 발생 시기: 여름~가을
- 생태: 숲 속, 길가 땅 위에 군생
- 생활형: 균근균
- 분포: 전세계
- 형태: 갓은 처음에는 평반구형이나 차츰 오목 편평형이 되며, 지름 1.5~3.5cm. 갓 표면은 홍갈색이다. 주름살은 담홍색, 끝붙은형으로 성기다. 대는 담홍갈색이며, 길이 2~4cm.
- 포자문: 백색
- 식·독: 식용, 약용

갓 중앙부와 대는 홍갈색

생목에 기생하여 병해를 일으킨다

뽕나무버섯부치

뽕나무버섯속

Armillariella tabescens

- 발생 시기 : 여름~가을
- 생태 : 활엽수의 쓰러진 나무나 그 루터기, 생목 밑동에 속생
- 생활형 : 목재부후균
- 분포 : 북반구 온대, 오스트레일리아
- 형태 : 갓은 처음에는 평반구형이나 차츰 오목 편평형이 되며, 지름 3~10cm. 갓 표면은 황갈색~담갈 색이며, 중심부에 작은 비늘 조각 이 밀집해 있다. 주름살은 갈색, 내

어린 버섯

린형으로 약간 빽빽하다. 대는 갓 과 같은 색, 섬유상 세로줄이 있으 며, 길이 4~8cm. 턱받이는 없다.
- 포자문 : 백색
- 식·독 : 식용(소화불량에 주의), 약용

막질의 턱받이가 있다

뽕나무버섯

뽕나무버섯속

Armillariella mellea

- **발생 시기**: 봄~가을
- **생태**: 활엽수, 침엽수의 마른 줄기, 입목의 밑동에 군생 또는 속생. 생목에 기생시 기주를 고사시킴.
- **생활형**: 목재부후균(뿌리기생균)
- **분포**: 전세계
- **형태**: 갓은 처음에는 평반구형이나 차츰 편평형이 되며, 지름 4~12cm. 갓 표면은 담갈색~담황갈색이며, 중앙부에 흑갈색의 작은 비늘 조각이 덮여 있다. 주름살은 담갈색, 내린형으로 약간 성기다. 대는 담황색~흑갈색, 섬유질로 길이 4~15cm. 백황색 막질의 턱받이가 있는데, 이 턱받이의 유무로 뽕나무버섯부치와 구별된다.
- **포자문**: 백색
- **식·독** 식용(과식하면 복통을 일으킬 수 있다.), 약용

표고와 비슷하나 독버섯이다. 밤에는 청백색 빛을 발한다

화경버섯

화경버섯속

Lampteromyces japonicus

- 발생 시기 : 여름~가을
- 생태 : 너도밤나무, 고로쇠나무 등 활엽수, 전나무 등 침엽수의 고목에 다수 중생
- 생활형 : 목재부후균
- 분포 : 북반구 일대
- 형태 : 갓은 반원형~콩팥형, 지름 7~25cm. 갓 표면은 등갈색에서 차츰 자갈색으로 변한다. 주름살은 백색~담황색, 내린형, 어두운 곳에서 청백색 빛을 발한다. 대는 갓과 같은 색으로 짧고 굵으며, 주름살과 경계선에 환상의 융기가 있다. 측심생으로, 대의 조직은 흑갈색이어서 유사한 버섯과 구별된다.
- 포자문 : 백색
- 식·독 : 독버섯(표고와 유사하므로 주의해야 한다. 중독되면 심한 복통, 구토, 설사 등 위장 장애를 일으키며, 사망한 예도 있다.)

여러 개의 버섯이 기부에서 결합되었다

흰주름만가닥버섯

만가닥버섯속

Lyophyllum connatum

- 발생 시기 : 가을
- 생태 : 활엽수림, 침엽수림, 풀밭 등의 땅 위에 군생 또는 속생
- 생활형 : 부생균
- 분포 : 동아시아, 유럽
- 형태 : 갓은 처음에는 반구형이나 차츰 오목 편평형이 되며, 지름 4~8cm. 갓 표면은 백색, 오래 되면 회색을 띤다. 주름살은 백색~담황색, 완전붙은형으로 아주 빽빽하다. 대는 백색이며, 여러 개가 기부에서 결합된다. 길이 3~10cm.
- 포자둔 : 백색
- 식·독 : 식용(일본에서는 식용하나, 유사한 버섯에 독버섯이 있으므로 주의해야 한다.)

갓은 갈색 털로 덮여 중앙부에는 환문, 둘레에는 방사상을 이룬다

털가죽버섯

털가죽버섯속

Crinipellis stipitaria

- 발생 시기 : 여름~가을
- 생태 : 벼과 식물의 산 줄기, 마른 줄기에 군생
- 생활형 : 부생균
- 분포 : 북반구 일대
- 형태 : 갓은 처음에는 반구형이나 차츰 볼록 평반구형이 되며, 지름 0.7~1.5cm. 갓 표면은 갈색~농갈색(중앙부)이며, 광택이 있는 갈색 털로 덮여 환문을 이룬다. 주름살은 백색, 끝붙은형으로 약간 빽빽하다. 대에는 암갈색 짧은 털이 밀생해 있으며, 길이 2~4.5cm.
- 포자문 : 백색
- 식·독 : 불명

갓 중앙에는 회록색 분말상 비늘이 빽빽하다

할미송이

Tricholoma saponaceum

- 발생 시기 : 가을
- 생태 : 침엽수, 활엽수의 혼합림 내 땅 위에 군생 또는 산생
- 생활형 : 균근균
- 분포 : 북반구 온대 이북
- 형태 : 갓은 처음에는 반구형이나 차츰 볼록 편평형이 되며, 지름 3.5~7cm. 갓 표면은 황록색, 중 앙부어 회록색 분말상의 작은 비늘 조각어 빽빽하게 퍼져 있다. 주름 살은 쌕색, 홈형으로 약간 성기며, 오래 되면 담갈홍색 얼룩이 생긴 다. 더는 황백색이며, 회색 비늘 조각으로 덮인다. 길이 3~8cm.
- 포자문 : 백색
- 식·독 식용(생식을 하면 중독된다.)

20~30년 된 적송과 공생

송이

Tricholoma matsutake

- 발생 시기 : 가을
- 생태 : 송림, 주로 적송림 내 땅 위에 군생 또는 산생
- 생활형 : 균근균, 때때로 균륜 형성, 소나무와 공생
- 분포 : 동아시아
- 형태 : 갓은 처음에는 구형이나 차츰 볼록 편평형이 되며, 지름 8~20cm. 갓 표면은 담황갈색~황갈색, 갈색 섬유상 비늘 조각으로 덮여 있다. 주름살은 백색, 홈형으로 빽빽하다. 대의 턱받이 상부는 백색 분말상, 하부는 갈색 섬유상 비늘 조각으로 덮여 있다. 길이 10~20cm. 턱받이는 면모상이다.
- 포자문 : 백색
- 식·독 : 식용(일반 사람들이 가장 좋아하는 식용 버섯으로 그 향과 맛이 뛰어나다.), 약용

갓 표면에는 녹갈색 섬유상 비늘이 있다

쓴송이

Tricholoma sejunctum

- 발생 시기 : 가을
- 생태 : 활엽수림, 침엽수림 내 땅 위에 산생
- 생활형 : 균근균
- 분포 : 북반구 온대, 북아메리카
- 형태 : 갓은 처음에는 원추형이나 차츰 볼록 편평형이 되며, 지름 4~10cm. 갓 표면은 담황색 바탕에 녹갈색 방사상 섬유로 피복되어 있다. 주름살은 백색, 홈형으로 약간 빽빽하다. 대는 백색~담황색이다.
- 포자문 : 백색
- 식·독 : 식용(쓴맛이 난다.)

주름살은 자색

민자주방망이버섯 자주방망이버섯속

Lepista nuda

대 기부는 매우 굵다

- 발생 시기 : 늦여름~초겨울
- 생태 : 잡목림 내 낙엽에 군생
- 생활형 : 부생균, 균륜 형성
- 분포 : 북반구 일대, 오스트레일리아
- 형태 : 갓은 처음에는 탄구형이나 차츰 편평형이 되며, 지름 4~10cm. 갓 표면은 자색~홍자색이다. 주름살은 자색, 끝붙은형으로 빽빽하다. 대는 담자색이며, 기부는 굵다. 대의 표면은 섬유상으로 길이 4~8cm.
- 포자문 : 담홍등색
- 식·독 : 식용(생식하면 중독된다.), 약용

대의 위아래 굵기가 거의 같다

자주방망이버섯아재비 자주방망이버섯속

Lepista sordida

- **발생 시기**: 여름~가을
- **생태**: 유기질이 많은 풀밭, 잔디밭, 길가에 군생 또는 속생
- **생활형**: 부생균
- **분포**: 북반구 일대
- **형태**: 갓은 처음에는 평반구형이나 차츰 오목 편평형이 되며, 지름 3~8cm. 갓 표면은 담자색이다. 주름살은 담자색, 완전붙은형으로 약간 성기다. 대는 담자색 섬유상으로 길이 3~8cm.
- **포자문**: 담홍등색
- **식·독**: 식용, 약용

주름살은 담자색

잔디밭에 발생. 주름살은 옅은 분홍색

밤색민버섯(큰낭상체버섯)

민버섯속

Macrocystidia cucurnis

- 발생 시기 : 봄~가을
- 생태 : 숲 속 땅, 목초지, 잔디밭의 땅 위에 단생
- 생활형 : 부생균
- 분포 : 동아시아, 북아메리카, 유럽
- 형태 : 갓은 원추형~종형, 지름 1~4cm. 갓 표면은 갈색~갈흑색 이며, 광택이 있다. 주름살은 백색에서 차츰 황홍색으로 변하며, 떨어진형으로 약간 성기다. 대는 갈흑색 벨벳상으로 속이 비어 있다. 길이 3~6cm.
- 포자문 : 홍황갈색
- 식·독 : 불명

주름살은 내린형. 대는 매우 짧다

부채버섯 부채버섯속

Panellus stypticus

- 발생 시기 : 여름~가을
- 생태 : 활엽수의 고목에 다수 중생
- 생활형 : 목재부후균
- 분포 : 전세계
- 형태 : 갓은 콩팥형, 가죽질로 갓 끝은 말려 있다. 지름 1~2cm. 갓 표면은 담황갈색이다. 주름살은 황갈색, 내린형으로 빽빽하다. 대는

갓은 콩팥형

갓과 같은 색이며, 측심생으로 아주 짧다.
- 포자문 : 백색
- 식·독 : 약용(몹시 맵다.)

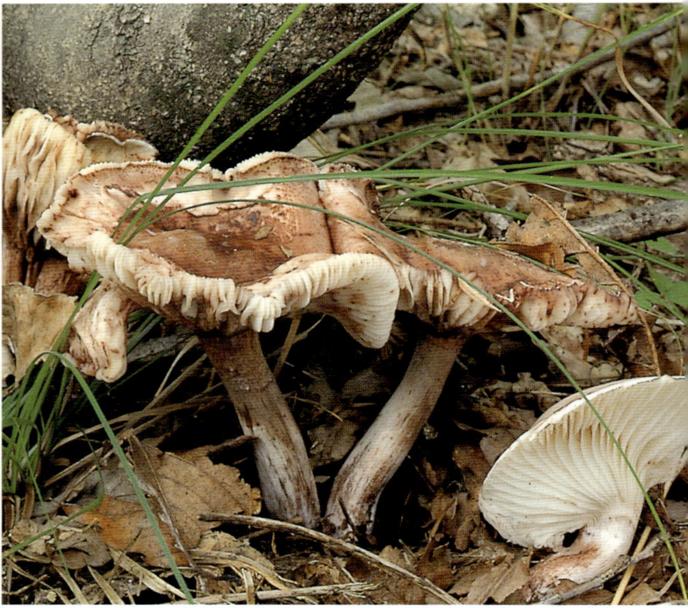

주름살, 대는 백색이나 후에 담적자색 얼룩이 생긴다

벚꽃버섯

Hygrophorus russula

- 발생 시기 : 가을
- 생태 : 활엽수림 내 땅 위에 군생
- 생활형 : 균근균
- 분포 : 북반구 온대
- 형태 : 갓은 처음에는 반구형이나 차츰 볼록 편평형이 되며, 지름 4~13cm. 갓 표면은 담적자색, 중앙부는 짙은 색이며, 습할 때 점성이 있다. 주름살은 백색에 담적자색 반점이 생기며, 끝붙은형으로 빽빽하다. 대는 섬유상, 백색이나 후에 담적자색 반점으로 얼룩진다. 길이 3~8cm.
- 포자문 : 백색
- 식·독 : 식용

주름살은 매우 성기다

화병꽃버섯 꽃버섯속

Hygrocybe cantharellus

- 발생 시기 : 여름~가을
- 생태 : 숲 속의 땅 위에 발생
- 생활형 : 부생균
- 분포 : 북반구 일대
- 형태 : 갓은 처음에는 평반구형이나 차츰 오목 편평형이 되며, 지름 0.5~3.5cm. 갓 표면은 주적색~주홍색이며, 미세한 비늘 조각으로 덮여 있다. 주름살은 담황색, 내린

갓은 미세한 비늘로 덮여 있다

형으로 성기다. 대는 선홍색이며, 길이 4~9cm.
- 포자문 : 백색
- 식·독 : 불명

갓 표면은 접촉하면 흑색으로 변한다

붉은산꽃버섯 꽃버섯속

Hygrocybe conica

갓은 원뿔형

- **발생 시기**: 가을
- **생태**: 초지, 죽림, 잡목림 내 땅 위에 군생 또는 단생
- **생활형**: 부생균
- **분포**: 전세계
- **형태**: 갓은 처음에는 원뿔형이나 차츰 볼록 편평형이 되며, 지름 1.5~4.5cm. 갓 표면은 적색~적황색, 습하면 점성이 있고, 접촉하면 흑색으로 변한다. 주름살은 담황색, 접촉하면 흑색으로 변하며, 끝붙은형으로 약간 성기다. 대는 처음에는 백색이나 차츰 흑색이 되며, 섬유상 세로줄이 있다. 길이 5~10cm.
- **포자문**: 백색
- **식·독**: 불명

갓 둘레는 불규칙하게 위로 굽고 갈라졌다

고깔꽃버섯

꽃버섯속

Hygrocybe cuspidata

- 발생 시기 : 봄~가을
- 생태 : 숲 속의 풀밭에 산생
- 생활형 : 부생균
- 분포 : 동아시아, 북아메리카
- 형태 : 갓은 처음에는 원추형이나 차츰 중앙부가 원추형인 편평형이 되며, 가장자리는 불규칙하게 굴곡되어 있다. 지름 1.5~6cm. 갓 표면은 적색~등적색, 섬유상이며, 습하면 점성이 있다. 주름살은 담황색~담등황색, 떨어진형으로 약간 성기다. 대의 상부는 황색, 하부는 백색이고, 세로의 섬유문이 있다. 길이 4~9cm.
- 포자둔 : 백색
- 식·독 : 불명

숲 속 땅 위에 발생. 버섯 전체가 황색이다

노란대꽃버섯

꽃버섯속

Hygrocybe flavescens

- 발생 시기 : 가을
- 생태 : 산림, 풀밭의 땅 위에 군생
- 생활형 : 부생균
- 분포 : 동아시아, 북아메리카, 유럽
- 형태 : 갓은 처음에는 평반구형이나 차츰 오목 편평형이 되며, 지름 2~5.5cm. 갓 표면은 황색, 습할 때 점성이 있고 방사상 줄이 있다. 주름살은 담황색, 끝붙은형으로 약간 성기다. 대는 황색, 속은 비어 있으며, 길이 2.5~5cm.
- 포자문 : 백색
- 식·독 : 불명

막질의 대주머니는 매우 크다

큰주머니광대버섯 광대버섯속

Amanita volvata

어린 버섯

- 발생 시기 : 여름~가을
- 생태 : 산림 내, 주로 참나무 밑의 땅 위에 단생
- 생활형 : 균근균
- 분포 : 동아시아, 북아메리카
- 형태 : 갓은 처음에는 종형이나 차츰 편평형이 되며, 지름 2~8cm. 갓 표면은 백색~담갈백색, 담적갈색 솜털 모양의 비늘 조각이 있고, 때로는 큰 외피막의 파편이 붙어 있다. 주름살은 백색에서 담홍색으로 변하며, 떨어진형으로 약간 빽빽하다. 대는 백색이며, 갓과 같은 비늘 조각으로 덮인다. 길이 6~12cm. 대주머니는 대형 막질이다.
- 포자문 : 백색
- 식·독 : 맹독 버섯(중독되면 세포가 파괴되고, 간장 및 신장 장애로 사망할 수 있다.)

갓 표면에 회흑색 비늘 조각이 있다

점박이광대버섯　　광대버섯속

Amanita ceciliae

어린 버섯

- **발생 시기**: 여름~가을
- **생태**: 참나무, 졸참나무 등 활엽수림 내 땅 위에 단생
- **생활형**: 균근균
- **분포**: 북반구 일대, 오스트레일리아
- **형태**: 갓은 처음에는 반구형이나 차츰 편평형이 되며, 지름 4~10cm. 갓 표면은 황갈색, 회흑색의 외피막 비늘 조각이 붙어 있고, 가장자리에 방사상 홈선이 있다. 주름살은 백색, 떨어진형으로 약간 빽빽하다. 대는 회색의 섬유상 작은 비늘 조각으로 덮여 있다. 길이 9~13cm. 대주머니는 회흑색 면질로 불완전한 환상이다.
- **포자문**: 백색
- **식·독**: 약용

화려한 붉은색을 띠고 있으나 식용 버섯이다

달걀버섯   광대버섯속

Amanita hemibapha

- 발생 시기 : 여름~가을
- 생태 : 활엽수림 내 땅 위에 단생
- 생활형 : 균근균
- 분포 : 동아시아, 북아메리카
- 형태 : 갓은 처음에는 반구형이나 차츰 편평형이 되며, 지름 5~18cm. 갓 표면은 적색~등적색, 가장자리에 방사상 홈선이 있다. 주름살은 황색, 떨어진형으로 빽빽하다. 대는 황색 바탕에 등적색의 가로 얼

어린 버섯

룩무늬가 있다. 길이 10~20cm. 턱받이는 등황색이며, 대주머니는 백색 대형이다.
- 포자문 : 백색
- 식·독 : 식용

턱받이는 반지 모양 〈사진 / 이지헌〉

긴골광대버섯아재비

Amanita longistriata

- 발생 시기 : 여름~가을
- 생태 : 활엽수림, 혼합림 내 땅 위에 단생
- 생활형 : 균근균
- 분포 : 동아시아
- 형태 : 갓은 처음에는 종형이나 차츰 편평형이 되며, 지름 2~6cm. 갓 표면은 담회갈색, 평활하고, 습할 때에는 약간 점성이 있으며, 가장자리에 방사상 홈선이 있다. 주름살은 담홍색, 떨어진형으로 빽빽하다. 대는 백색, 턱받이 아래는 섬유상이며, 길이 4~9cm. 턱받이는 회백색 막질이며, 대주머니는 백색 막질로 컵형이다.
- 포자문 : 백색
- 식·독 : 독버섯

대 기부는 둥근 뿌리 모양. 대주머니는 백산 분말상

파리버섯 광대버섯속

Amanita melleiceps

- 발생 시기 : 여름
- 생태 : 송림, 혼합림 내 땅 위에 단생
- 생활형 : 균근균
- 분포 : 동아시아
- 형태 : 갓은 처음에는 평반구형이나 차츰 편평형이 되며, 지름 3~4cm. 갓 표면은 담갈황색, 백황색 분말상 비늘 조각이 산재해 있으며, 가장자리에 방사상 홈선이 있다. 주름살은 백색, 떨어진형으로 성기다. 대는

어린 버섯

담황색 분말상으로 속은 비어 있고, 기부는 구근상이다. 길이 3~5cm. 대주머니는 백색 분질이다.
- 포자문 : 백색
- 식·독 : 독버섯(파리에 대한 강한 독성이 있다.)

갓에 백색 외피막 조각이 있고 턱받이는 백색이다

마귀광대버섯　　　광대버섯속

Amanita pantherina

- 발생 시기 : 여름~가을
- 생태 : 침엽수림, 활엽수림 내 땅 위에 단생
- 생활형 : 균근균
- 분포 : 북반구 온대 이북, 아프리카
- 형태 : 갓은 처음에는 반구형이나 차츰 오목 편평형이 되며, 지름 6~20cm. 갓 표면은 갈색~회갈색, 사마귀 모양의 백색 외피막 파편이 산재하며, 가장자리에 방사상 홈선이 있다. 주름살은 백색, 떨어진형으로 약간 빽빽하다. 대는 백

어린 버섯

색, 기부는 구근상이며, 길이 5~25cm. 턱받이는 백색 막질이고, 대주머니는 백색, 반지 모양의 흔적만 있다.
- 포자문 : 백색
- 식·독 : 맹독 버섯(중독되면 구토, 정신 착란, 환각, 근육 경련 등을 일으키나 죽지는 않는다.)

주름살은 상처가 나면 적갈색으로 변한다

붉은점박이광대버섯 　광대버섯속

Amanita rubescens

어린 버섯

- 발생 시기 : 여름~가을
- 생태 : 침엽수림, 활엽수림 내 땅 위에 단생
- 생활형 : 균근균
- 분포 : 북반구 온대 이북
- 형태 : 갓은 처음에는 반구형이나 차츰 편평형이 되며, 지름 6~18cm. 갓 표면은 적갈색, 많은 담갈색의 외피막 파편이 붙어 있다. 주름살은 백색이나 상처가 나면 적갈색으로 변하며, 떨어진형으로 빽빽하다. 대는 담적갈색이나 상처가 나면 적갈색으로 변한다. 기부는 구근상이며, 길이 8~20cm. 턱받이는 백색 막질이다. 대주머니는 적갈색, 불완전하며, 분질의 파편이 환상으로 대에 붙는다.
- 포자문 : 백색
- 식·독 : 식용(생식하면 중독될 수 있다.)

갓 표면에 회갈색 분말상의 파편이 산재해 있다

뱀껍질광대버섯 광대버섯속

Amanita spissacea

어린 버섯

- 발생 시기 : 여름~가을
- 생태 : 활엽수림, 침엽수립의 땅 위에 단생 또는 소수가 속상
- 생활형 : 균근균
- 분포 : 동아시아
- 형태 : 갓은 처음에는 반구형이나 차츰 편평형이 되며, 지름 4~12cm. 갓 표면은 갈회색이며, 흑갈색 분말상 외피막 파편이 집단적으로 산재해 있다. 주름살은 백색, 떨어진형으로 빽빽하다. 대는 회갈색이며, 섬유상의 작은 비늘 조각으로 덮여 있다. 기부는 팽대하며, 길이 5~15cm. 턱받이는 회백색 막질이다. 대주머니는 회갈색 분질로 대 기부에 환상으로 붙어 있다.
- 포자문 : 백색
- 식·독 : 준맹독 버섯

대주머니는 적황색 분말상 파편으로 반지 모양을 이룬다

붉은주머니광대버섯

광대버섯속

Amanita rubrovolvata

- 발생 시기 : 여름~가을
- 생태 : 활엽수림, 낙엽송림의 땅 위에 단생 또는 산생
- 생활형 : 균근균
- 분포 : 동아시아
- 형태 : 갓은 처음에는 반구형이나 차츰 평반구형이 되며, 지름 2.5~3.5cm. 갓 표면은 적색, 가장자리는 적황색이며, 분말상 외피막 파편이 산재해 있다. 주름살은 백색~담황색, 떨어진형으로 약간 빽빽하다. 대는 담황색, 기부는 구근상이며, 길이 4~11cm. 턱받이는 황백석 막질이다. 대주머니는 적황색 분길의 파편이 불완전한 환상으로 남는다.
- 포자문 : 백색
- 식·독 : 불명

대 표면에 얼룩무늬가 있고 주름살날 끝은 농회색

큰우산버섯

Amanita vaginata var. *punctata*
Amanita punctata

- 발생 시기 : 여름~가을
- 생태 : 활엽수림 내 땅 위에 단생
- 생활형 : 균근균
- 분포 : 동아시아, 오스트레일리아, 뉴질랜드
- 형태 : 갓은 처음에는 평반구형이나 차츰 편평형이 되며, 지름 5~10cm. 갓 표면은 농회갈색, 방사상 홈선이 있다. 주름살은 백색이다. 대는 회갈색이며, 암회색 분말상 얼룩무늬가 있다. 기부는 땅 속 깊이 묻혀 있으며, 길이 10~15cm. 대주머니는 백색으로 땅 속에 묻혀 있다.
- 포자문 : 백색
- 식·독 : 독버섯

대 표면은 담황갈색이고 평활하다

고동색우산버섯

광대버섯속

Amanita vaginata var. *fulva*

- 발생 시기 : 여름~가을
- 생태 : 수림 내 땅 위에 발생
- 생활형 : 균근균
- 분포 : 북반구 일대
- 형태 : 갓은 처음에는 반구형이나 차츰 편평형이 되며, 지름 4~9cm. 갓 표면은 갈색~다갈색, 가장자리에 긴 방사상 홈선이 있다. 주름살은 백색, 떨어진형으로 약간 빽빽하다. 대는 담황갈색이며, 평활하거나 면질의 부드러운 비늘 조각으로 덮여 있다. 길이 7~15cm. 대주머니는 담갈색 막질로 자루 모양이다.
- 포자문 : 백색
- 식·독 : 식용

갓은 회색~회갈색, 대는 백색

우산버섯

광대버섯속

Amanita vaginata var. *vaginata*

- 발생 시기 : 여름~가을
- 생태 : 주로 참나무과, 소나무과 수림 내 땅 위에 단생
- 생활형 : 균근균
- 분포 : 전세계
- 형태 : 갓은 유균일 때는 난형, 종형이었다가 반구형을 거쳐 볼록 편평형이 된다. 지름 3~9cm. 갓 표면은 회색~회갈색, 가장자리는 방사상 홈선이 있다. 주름살은 백색, 떨어진형으로 약간 빽빽하다. 대는

어린 버섯 〈사진 / 이지헌〉

백색~회백색, 위쪽으로 갈수록 가늘어지며, 평활하거나 비늘 조각이 있다. 길이 9~13cm. 대주머니는 백색 막질로 자루 모양이다.

- 포자문 : 백색
- 식·독 : 식용(생식하면 중독된다.)

어린 버섯은 오뚜기 모양

흰가시광대버섯

Amanita virgineoides

- 발생 시기 : 여름~가을
- 생태 : 혼합림 내 땅 위에 단생
- 생활형 : 균근균
- 분포 : 북반구 일대
- 형태 : 갓은 처음에는 반구형이나 차츰 편평형이 되며, 지름 9~20cm. 갓 표면은 백색의 미세한 분말로 덮이고, 뾰족한 백색 사마귀가 많이 붙어 있다. 주름살은 백색, 떨어진 형으로 약간 빽빽하다. 대는 백색 곤봉형으로 아래가 팽대하고, 갓에 있는 것과 같은 사마귀가 환상으로 붙어 있다. 길이 12~20cm. 턱받이는 크고 백색이며, 막질이나 조기에 탈락한다. 대주머니는 환상의 비늘 조각 모양이다.
- 포자문 : 백색
- 식·독 : 불명

버섯 전체가 순백색이나 무서운 맹독 버섯이다

독우산광대버섯 광대버섯속

Amanita virosa

- 발생 시기 : 여름~가을
- 생태 : 침엽수림, 활엽수림 내 땅 위에 단생
- 생활형 : 균근균
- 분포 : 북반구 일대, 오스트레일리아
- 형태 : 갓은 처음에는 반구형이나 차츰 볼록 편평형이 도며, 지름 4~15cm. 갓 표면은 백색, 평활하고, 습할 때 점성이 있다. 주름살은 백색, 떨어진형으로 약간 빽빽하다. 대는 백색이며, 섬유상 큰 비늘 조각으로 덮여 있다. 길이

어린 버섯

10~20cm. 턱받이는 백색 막질이다. 대형 대주머니는 백색 주머니 모양이다.
- 포자문 : 백색
- 식·독 : 맹독 버섯(독성이 매우 강한 버섯으로 중독되면 세포가 파괴되고 간장 및 신장 장애로 사망하게 된다.)

활엽수림 내 땅 위에 발생. 대 기부는 양파 모양

애광대버섯

Amanita citrina var. *citrina*

- 발생 시기 : 여름~가을
- 생태 : 활엽수림 내 땅 위에 단생
- 생활형 : 균근균
- 분포 : 북반구 온대 이북, 오스트레일리아
- 형태 : 갓은 처음에는 반구형이나 차츰 편평형이 되며, 지름 4~10cm 갓 표면은 담황색, 습하면 점성이 있고, 담황색 외피막 파편이 붙어 있다. 주름살은 백색, 떨어진형으로 약간 빽빽하다. 대는 백색~담황색이고 기부는 구근상이며, 길이 5~12cm. 담황색 턱받이가 있다. 대주머니는 담황색이며, 대에 얕게 유착되어 있다.
- 포자문 : 백색
- 식·독 : 약용

막질의 백색 턱받이는 대 위쪽에 있다

개나리광대버섯

Amanita subjunquillea

- 발생 시기 : 여름~가을
- 생태 : 침엽수림, 활엽수림 내 땅 위에 단생
- 생활형 : 균근균
- 분포 : 동아시아
- 형태 : 갓은 처음에는 원추형이나 차츰 편평형이 되며, 지름 3~7.5cm. 갓 표면은 담황색~등황석, 가장자리는 황색이며, 습하면 점성이 있다. 주름살은 백색, 떨어진형으로 빽빽하다. 대는 백색~담황색, 섬유상 작은 비늘 조각으로 덮여 있다. 턱받이는 백색 막질이고, 대주머니는 백색 주머니 모양이다.
- 포자문 : 백색
- 식·독 : 독버섯

부 록

- 버섯에 대하여
- 독버섯 일람
- 포자문 뜨는 법
- 한국명 찾아보기
- 학명 찾아보기

버섯에 대하여

1. 균류와 버섯

버섯, 곰팡이, 효모 등의 미생물을 균류라고 한다. 종래 생물을 동물과 식물로 나누는 생물관에서는 균류를 식물로 취급하였다. 그러나 균류는 엽록소가 없어 동물과 같은 종속 영양형으로 광합성에 의해 독립 영양 생활을 하는 식물과 구별된다. 균류 세포는 세포벽을 가지는 점에서 동물세포와 다르며, 균류는 체외에 효소를 분비하여 영양물을 저분자 상태로 분해하여 세포막을 통해 흡수하는 점에서도 동물이 먹이를 섭취, 소화하는 것과 다르다. 또, 균류는 진핵의 세포 구조를 가지므로 원핵 세포 생물인 세균류와는 근본적으로 다르다. 따라서 요즘에는 균류를 식물이나 동물 어느 것에도 속하지 않는 독립된 생물군으로 본다.

균류는 유성 생식 또는 무성 생식의 결과로 만들어진 포자로 번식하며, 본체는 실 모양의 균사로 된 균사체이다. 균류 중에서 포자를 생성하는 기관인 자실체가 육안으로 식별할 수 있을 정도로 큰 것을 일반적으로 버섯이라 한다. 고등식물로 말하면 균사체는 줄기와 잎, 뿌리에 해당되고, 자실체(버섯)는 꽃에 해당된다고 할 수 있다. 버섯의 본체인 균사체는 적당한 조건에서만 자실체를 발생시키므로, 자실체가 없어도 낙엽 속이나 땅 속, 고목 속 등 보이지 않는 곳에 생존하고 있다.

버섯은 자낭균류와 담자균류로 대별되는데, 자낭균류는 긴 자루 모양의 자낭이라는 세포 속에 포자를 생성하는 것을 말하며, 담자균류는 담자기라고 하는 세포의 돌기 선단에 포자를 외생하는 것을 말한다. 균류에서 담자균의 대부분과 자낭균의 일부분이 버섯이다. 현재 한국에서 자생하는 버섯은 약 1000종이 기록되어 있으며, 전세계적으로는 약 15,000종의 버섯이 자생한다고 알려져 있다.

2. 자연계에서의 버섯의 역할

숲에서 많은 양의 낙엽이나 죽은 나무와 풀들이 한없이 퇴적하지 않고 일정한 양이 유지되는 것은 버섯, 곰팡이 등의 균류와 세균류가 이러한 퇴적 유기물을 분해하기 때문이다. 버섯은 필요한 영양소를 외부로부터 얻어야 하며, 그것을 얻는 방법에 따라 부생균, 기생균, 그리고 공생균으로 구분할 수 있다. 그러나 이러한 구분은 편의에 따른 것이며, 실제로 버섯이 영양을 얻는 과정은 훨씬 복잡하고 변화가 많다.

□ 부생균

부생균은 일반적으로 죽은 생물체로부터 영양분을 취득하는 버섯 즉 사물기생균이다. 부생균은 낙엽, 죽은 풀, 덜어진 과일 등을 분해하는 낙엽분해균과 목재를 주로 분해하여 갈색 또는 백색으로 썩게 만드는 목재부후균, 그리고 동물의 배설물을 분해하는 분생균으로 구별할 수 있다. 버섯류의 유기물 분해력은 다른 미생물에 비해 매우 강하며, 특히 셀룰로오스와 리그닌 등의 다른 미생물로는 분해가 곤란한 고분자 화합물을 분해하는 능력이 있다.

생태계를 구성하는 생물적 요소를 생산자(식물), 소비자(동물), 분해자(균류)라 할 때 부생균은 분해자에 해당되거, 유기물을 분해하여 영양을 취함과 동시에 최종적으로는 무기물화하여 생산자에게 환원하는 환원자의 역할을 하고 있다.

□ 기생균

기생균은 살아 있는 식물이나 곤충 등에 기생하여 이들로부터 영양을 섭취하는 버섯을 말하며, 기주는 기생균에 의해 죽거나 피해를 보게 된다. 예를 들면 동충하초는 살아 있는 곤충의 성충, 유충, 번데기에 기생하여 생장, 증식함으로써 곤충을 죽게 만들고 기주의 양분으로 자실체를 형성한 것이다. 뽕나무버섯처럼 살아 있는 나무 뿌리에 기생하여 뿌리썩음병을 일으키는 뿌리기생균이나, 나무의 상처 부위에 발생하는 임의부생균 등은 산림이나 농작물에 많은 피해를 준다. 그러나 식물 병원균의 대부분은 곰팡이류이고 버섯류는 소수이며, 기생균인 동충하초는 약용 버섯으로 각광을 받고 있다.

□ 균근균

균근균은 살아 있는 식물을 이용해 영양을 얻지만 기주가 되는 식물에 피해를 입히지 않고 서로 공생하는 버섯이다. 공생의 대표적 형태는 균근(菌根)이다. 송이도 여기에 속하며, 송이가 적송 등의 소나무와 공생한다는 사실은 잘 알려져 있다. 균근은 땅에서 발생한 버섯의 영양균사가 건강한 식물의 세근(細根)과 결합하여 공생 상태에 있는 것을 말한다. 균근에는 두 가지 종류가 있는데, 균사가 뿌리의 피층 세포 내에 침입하는 것을 내생균근이라 하고, 뿌리의 표면에 부착하여 세근을 완전히 둘러싸지만 세포 내에는 침입하지 않는 것을 외생균근이라 한다.

균근을 형성한 버섯은 식물에서 탄수화물 등을 얻는 대신 토양에서 흡수한 질소, 인산, 칼륨 등을 물과 함께 식물에 공급한다. 식물은 균근의 도움이 없어도 살아갈 수 있지만 균근이 형성되면 세근 발달, 생장 촉진, 세근 보호, 병원균 억제 등의 효과가 있어 메마른 토양에서도 강한 생활력을 가지게 된다. 그러나 균근을 형성하는 버섯은 살아 있는 기주 식물의 뿌리가 없으면 살 수가 없고, 또, 특정한 식물만을 기주로 선택하여 균근을 형성한다. 이 때문에 균근을 형성하는 버섯의 순수 배양은 아주 어려우며, 배양에 성공한다고 해도 균사 생장이 느리기 때문에 자실체를 형성하기 힘들다.

송이나 서양송로(*Tuber melanosporum* Vitt.)와 같이 맛이 뛰어난 식용 버섯이 인공 재배가 안 되는 것도 이들이 균근 형성 버섯이기 때문이다. 따라서 시판되는 버섯의 대부분은 풀, 나무 등을 배양기로 인공 재배된 부생균이다.

3. 포자

버섯은 특수한 형태와 기능을 가지는 포자를 생성하여 이를 통해 종을 증식시킨다. 포자는 그 생성 방법에 따라 유성포자와 무성포자로 나누어진다. 즉 포자의 생성 과정에서 핵의 융합과 감수분열을 거쳐 형성된 것을 유성포자, 그러한 과정 없이 형성된 것을 무성포자라 한다. 유성포자에는 담자포자와 자낭포자가 있고, 무성포자에는 분절포자, 후막포자, 분생자 등이 있으며, 그 중에서 가장 보편적이 것이 분생자이다.

분생자는 눈꽃동충하초와 같이 균사가 특수하게 분화되어 형성된 나뭇가지 모양의 분생자병 위에 형성된다. 버섯에서 무성 생식은 자낭균에서 특히 발달되었고, 다수의 자낭균은 유·무성의 양 세대를 모두 포함하는 생활환을 갖는다. 포자는 보통 단상의 1개의 핵을 갖는 단세포이며, 적당한 조건에서 발아하여 균사체로 발달한다. 보통 1개의 담자기에 4개의 담자포자가, 1개의 자낭어 8개의 자낭포자가 형성되며, 1개의 자실체에서는 수억~수백억 개의 포자가, 대형의 잔나비걸상의 경우 1년에 약 5조 개의 담자포자가 신생된다고 한다.

4. 균륜

산이나 잔디밭에서 같은 종류의 많은 버섯이 원형을 그리며 발생한 것을 볼 수 있다. 이러한 버섯의 원을 균륜(菌輪, fairy ring)이라 한다. 버섯의 균사는 기본적으로 그 영양원이 충분할 때 방사상으로 확장하면서 생장한다. 자실체는 원형을 이룬 균사체 집단의 선단 부근에 발생하므로 자연히 원형을 이루게 된다. 선단균사는 생장을 계속하지만 이미 자실체를 발생한 오래 된 부분은 고사하여 분해되므로 균륜은 해마다 확대된다. 송이와 같은 균근균의 경우 균사는 기주 식물의 뿌리와 동조하면서 신장하므로, 균륜의 확장 속도는 느리며 따라서 수십 년을 같은 장소에서 생존할 수 있다. 낙엽분해균인 주름버섯, 선녀낙엽버섯, 애기버섯, 말불버섯 등도 때로는 균륜을 형성하며, 그 중에는 균륜의 크기가 지름 200m, 나이가 400년이나 되는 것도 있다.

독버섯 일람

●: 맹독　●: 준맹독　●: 독

버섯명과 독성 정도	독성 작용	발현 시기와 중독 증상	비 고
독우산광대버섯 ●(치명적) 알광대버섯 ●(치명적) 흰알광대버 ●(치명적) 회흑색광대버섯 ● 독황토버섯 ● 알광대버섯아재비 ● 회흑색광대버섯 ●	• 조직 세포 파괴 • 간장·신장 기능 장애	• 먹은 뒤 6~12시간 후 • 급성 복통, 구토, 콜레라와 유사한 설사, 황달, 혼수	• 가열하여도 독성은 변하지 않는다. • 증상 출현이 늦어 초기 치료 기회를 놓치기 쉽다. • 대주머니와 턱받이가 있고, 전체가 백색이거나 또는 주름살이 순백색인 광대버섯류는 맹독 버섯일 가능성이 있다.
마귀곰보버섯 ●(생식시)	• 용혈 • 간장 장애	• 먹은 뒤 6~8시간 후 • 오심, 구토, 복통, 설사, 경련	• 생식할 때에만 중독된다. • 가열하면 독성이 현저히 감소한다.
절구버섯아재비 ●	• 소화 기계에 작용	• 먹은 뒤 10~30분 후 • 구토, 설사, 견비통, 동공 축소, 언어 장애, 혈뇨, 의식 불명	• 식용 버섯인 절구버섯과 유사하나 상처가 나면 적색으로 변하는 점이 다르다.
양파광대버섯 ● 큰주머니광대버섯 ● 노란다발 ● 화경버섯 ●	• 위장 장애	• 먹은 뒤 30분~3시간 후, 노란다발은 6~8시간 후 • 구토, 복통, 설사, 경련, 의식 불명	• 노란다발은 매우 쓴 맛이 난다. • 화경버섯은 표고, 느타리, 참부채버섯과 유사하다.
삿갓외대버섯 ● 굽은외대버섯 ●	• 위장 장애	• 먹은 뒤 30분~2시간 후 • 심한 오심, 구토, (복통), 설사, 전신 허탈	• 주름살이 분홍색인 외대버섯류에 독버섯이 많다.

버섯명과 독성 정도	독성 작용	발현 시기와 중독 증상	비 고
마귀광대버섯 ● 광대버섯 ●	• 중추 신경에 작용 • 진정 작용	• 먹은 두 30분 ~2시간 후 • 혼미, 현기증, 시청각 장애, 경련, 정신 착란, 혼수	• 중독 후 24시간이 지나면 회복되며, 사망한 예는 없다. • 파리에 대한 강한 독성이 있다.
좀말똥버섯 ● 검은띠말똥버섯 ● 말똥버섯 ●	• 중추 신경에 작용 • 환각 작용	• 먹은 뒤 30분 ~1시간 후 • 흥분, 환각, 수족 마비, 지각 마비, 일시적 발광	• 중독시 12~24시간이 지나면 회복된다. • 분생균에는 대부분 환각 독성이 있다. • 중독시에는 안정이 필요하다.
갈황색미치광이버섯 ●	• 중추 신경에 작용 • 환각 작용	• 먹은 되 5~10분 후 • 오한, 현기증, 환각, 이상 흥분, 수족 경련, 일시적 정신 이상	• 매우 쓴맛이 난다. • 중독시에는 안정이 필요하다.
두엄먹물버섯 ●(음주시) 배불뚝이깔때기버섯 ● (음주시)	• 자율 신경에 작용 • 혈액 중의 알코올 분해 작용 저해	• 먹은 뒤 4~5일 이내에 알코올 섭취시 30분~1시간 후 • 목 · 단면 홍조, 두통, 현기증, 구토, 호흡 곤란	• 식용 버섯이나 음주시에는 중독된다. • 중독시 4시간이 지나면 회복된다. • 중독으로 심한 증상을 경험한 사람은 저절로 술을 끊게 된다.
솔땀버섯 ● 흰비단땀버섯 ●	• 부교감 신경에 작용 • 분비선 자극	• 먹은 뒤 30분 ~2시간 후 • 발한 복통, 설사, 빈뇨, 서맥, 천식 유사 증세	• 중독시 2시간이 지나면 자연히 회복된다. • 중독시에는 수분 공급이 필요하다.

버섯명과 독성 정도	독성 작용	발현 시기와 중독 증상	비 고
주름우단버섯 ●(생식시)	• 용혈 • 신장 · 간장 · 심근 장애 • 망막 손상	• 먹은 뒤 2시간 이내 • 구토, 설사, 복통, 급성빈혈, 저혈압, 감뇨, 흉부 통증, 시각 장애	• 생식하면 사람에 따라서는 중독이 된다. • 다년간 식용하여도 아무 이상이 없던 사람이, 어느 날 버섯을 먹은 뒤 갑자기 발병하는 경우가 많다.
뱀껍질광대버섯 ● 담갈색송이 ● 냄새무당버섯 ●(생식시) 무자갈버섯 ● 나팔버섯 ● 긴골광대버섯아재비 ● 흰갈대버섯 ● 독큰갓버섯 ●	• 위장 장애	• 먹은 뒤 30분 ~3시간 후 • 오심, 구토, 복통, 설사	• 중독시 1~2일이 지나면 회복된다. • 무자갈버섯은 용혈 독소가 있으며, 가열을 해도 분해되지 않는다.

- 위 표에 있는 버섯 외에도 가벼운 중독을 일으키는 독버섯이 많이 있다.
- 중독 증상 및 예후는 중독자의 건강 상태, 섭취량, 연령 등에 따라 크게 달라질 수 있다.
- 민간에서 알려진 버섯의 스별법, 즉 '대가 세로로 찢어지면 식용 버섯이다', '색이 화려하면 독버섯이다' 등의 말은 과학적 근거가 없으며, 간단하고 확실하게 식용 버섯과 독버섯을 구별하는 방법은 없다.
- 식용 버섯이라 할지라도 생식을 하면 중독될 수 있으므로 익혀서 먹는 것이 좋다.

포자문 뜨는 법

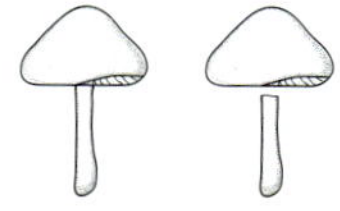 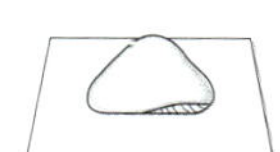 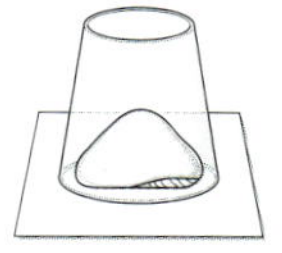

❶ 적당히 성숙한 버섯의 대를 갓과 붙은 부분에서 면도칼로 잘라 낸다.

❷ 진동이 없는 장소에 종이(백색 또는 흑색 종이나 파라핀지)를 놓고 그 위에 버섯을 살짝 올려놓는다.

❸ 컵을 덮어 6~12시간 놓아 둔다.

❹ 컵과 버섯을 주의하여 제거하면 여러 가지 색의 포자문을 얻는다.

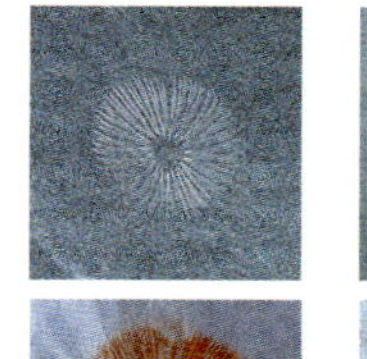   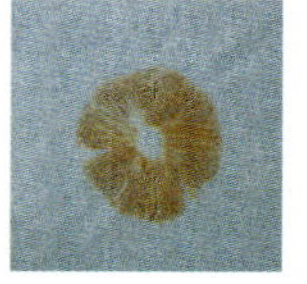
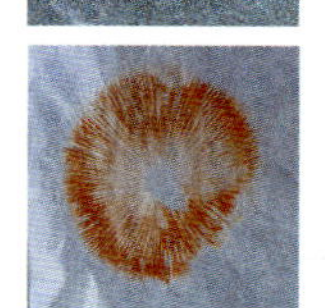  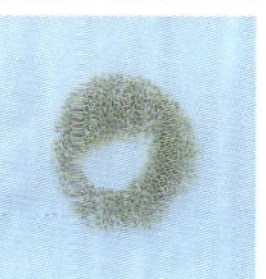 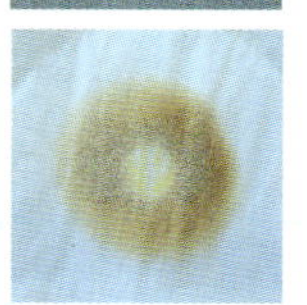

● 포자문에 관하여

　오래 전부터 버섯의 포자문 색은 종의 동정이나 분류를 위한 특징의 하나로 사용되어 왔다. 포자문의 색은 버섯의 종류에 따라 미묘한 차이가 있으나, 일반적으로 속이나 과마다 어느 정도의 공통성이 있다. 오늘날에는 DNA 검사 및 현미경 검사로 버섯의 분류와 유연 관계를 조사하나, 주름버섯의 포자문은 그 계통을 어느 정도 반영하고 있다고 추정된다.

Kyo-Hak
Mini Guide ③

버 섯

초판 발행/2003. 11. 30
7판 발행/2015. 11. 20

지은이/박완희
펴낸이/양진오
펴낸곳/㈜교학사

기획/유홍희
책임편집/황정순
교정/차진승 · 하유미 · 정청라
장정/오홍환
원색 분해 · 인쇄/본사 공무부

등록/1962. 6. 26.(18-7)
주소/서울 마포구 마포대로 14길 4 (공덕동)
전화/편집부 · 312-6685 영업부 · 707-5147
팩스/편집부 · 365-1310 영업부 · 707-5160
대체/012245-31-0501320
홈페이지/http://www.kyohak.co.kr

* 이 책에 실린 도판, 사진, 내용의 복사, 전재를 금함.

Wild Fungi
by Park Wan-Hee

Published by Kyo-Hak Publishing Co., Ltd., 2003
4, Mapo-daero 14-gil, Mapo-gu, Seoul, Korea
Printed in Korea

ISBN   978-89-09-09082-7 96480